变电工程生产基建工艺差异化分析与整改措施

主　编　段　军　吕朝晖
副主编　赵寿生　陈文通　范旭明

中国水利水电出版社
www.waterpub.com.cn
· 北京 ·

内 容 提 要

本书针对各类变电一次设备，结合实际案例充分解析基建生产差异化，对历次验收发现的典型问题进行汇总和分析，同时对现行各项专业管理规定进行提炼、整合、优化，对设计、采购、施工以及验收等环节提出明确要求，形成基建生产双边统一做法，消除生产和基建的差异化。

本书既可适用于从事变电工程运检专业相关工作的人员使用，也可作为变电设备运维管理、检修试验、设计施工等相关人员的专业参考书和培训用书。

图书在版编目（CIP）数据

变电工程生产基建工艺差异化分析与整改措施 / 段军，吕朝晖主编. -- 北京 : 中国水利水电出版社，2020.11
ISBN 978-7-5170-9371-8

Ⅰ. ①变… Ⅱ. ①段… ②吕… Ⅲ. ①变电所－电力工程－基础设施建设－研究 Ⅳ. ①TM63

中国版本图书馆CIP数据核字(2021)第044953号

书　名	**变电工程生产基建工艺差异化分析与整改措施** BIANDIAN GONGCHENG SHENGCHAN JIJIAN GONGYI CHAYIHUA FENXI YU ZHENGGAI CUOSHI
作　者	主编　段　军　吕朝晖　副主编　赵寿生　陈文通　范旭明
出版发行	中国水利水电出版社 （北京市海淀区玉渊潭南路1号D座　100038） 网址：www.waterpub.com.cn E-mail：sales@waterpub.com.cn 电话：（010）68367658（营销中心）
经　售	北京科水图书销售中心（零售） 电话：（010）88383994、63202643、68545874 全国各地新华书店和相关出版物销售网点
排　版	中国水利水电出版社微机排版中心
印　刷	天津嘉恒印务有限公司
规　格	184mm×260mm　16开本　10.5印张　243千字
版　次	2020年11月第1版　2020年11月第1次印刷
印　数	0001—4000册
定　价	**86.00**元

本书编委会

主　　编　段　军　吕朝晖

副 主 编　赵寿生　陈文通　范旭明

参编人员　王翊之　钱　平　胡俊华　汪卫国　吴杰清　陈　亢　方旭光
赵不渝　钱晓俊　高　山　杜　羿　陈昱豪　吕红峰　严明安
盛　骏　周　彪　方　凯　王瑞平　蒋黎明　何正旭　李　阳
徐阳建　郑晓东　张　双　刘松成　陈廉政

前言

近年来国家基础建设高速发展，为适应发展需要，电网建设工程随之全面铺开，新建变电站数量每年快速增长，电网日益壮大。然而，由于在建设时对变电设备安装调试的要求与投运后的运检时对设备运行维护的要求存在诸多不同，即基建与生产施工工艺标准存在差异，导致基建安装环节投入的设备“遗留”了许多不符合设备运检要求的问题，移交生产后需生产运维整改以满足生产要求，不仅造成人、财、物的浪费，还造成工艺的模糊，这些因素使得新建变电站的投产难免存在着各种的问题，给新建变电站运行带来巨大的安全隐患。

随着基建变电站数量逐年增加，上述问题逐渐暴露并日趋明显。为彻底解决传统电力基建管理体制中基建、生产“两层皮”的弊端，以电网工程全寿命周期内公司整体利益最大化为原则，按照有利于技术进步和合理控制工程造价的思路，应全面梳理生产与建设之间的分歧差异，形成基建生产标准差异化对接条款，有效融合基建生产管理体系，统一生产运维与工程建设工作标准，破解长期以来生产与基建的分歧，做到基建、生产的平稳过渡，无缝对接，推进基建生产标准一体化，确保基建工程安全高效投产。

本书内容针对油浸式变压器（电抗器）、四小器、断路器、组合电器、隔离开关、开关柜、其他设备等变电一次设备，结合实际案例充分解析基建生产差异化，对历次验收发现的典型问题进行汇总和分析，同时对现行各项专业管理规定进行提炼、整合、优化，共计168条工艺差异化条款。在设计、采购、施工以及验收等各个环节明确要求，形成基建、生产双边统一做法，消除生产和基建的差异化。本书从理论到实际全方位贴近工作需求，适用于变电生产一线运检人员，具有内容翔实、理论解析到位、实用性高、针对性强等特点，不但将运检专业要求提前纳入基建工程，而且完善了基建验收依据，切实推进基建生产标准一体化的实施推广。

本书在编写过程中得到许多领导专家和同事的支持和帮助，同时也参考了很多有价值的专业书籍，给作者提供了诸多指导和启发，使得编写内容有了较大改进，在此表示衷心感谢。由于作者水平所限，书中难免有不妥或疏漏之处，敬请专家和读者批评指正。

编者

2020年5月

目 录

第1章
油浸式变压器(电抗器)

变压器是借助于电磁感应，以相同的频率，在两个或更多的绕组之间交换交流电压和电流而传输电能的一种静止电器。

电力变压器是发电厂和变电站的主要设备之一。发电厂发出的电能需要经远距离传输才能到达用电地区，传输电压越高，在线路上的电能损耗就越小。所以需用升压变压器将发电机端的电压升高以后再进行输送。当电能输送到用户端时，又需用降压变压器将高电压降低。电网内部存在的多种电压，就需要用各种规格电压等级和容量的变压器来连接。

由于近年来运维、检修要求不断提高，基建的信息相对滞后，基建的习惯做法一时难以改变，对于220kV和110kV的降压变压器，也就是电力公司常规的市公司管辖范围内变电站的变压器，基建与运检的差异化做法不断增多。

1.1 变压器本体

第1条 主变10kV套管采用软连接

1. 工艺差异

部分主变10kV套管未采用软连接进行安装，或者软连接不满足保护套管的作用。不符合《国家电网公司变电验收通用管理规定 第1分册 油浸式变压器（电抗器）验收细则》中“35kV、20kV、10kV铜排母线桥装设绝缘热缩保护，加装绝缘护层，引出线需用软连接引出”的要求。

2. 分析解释

主变10kV套管将变压器低压引线引到油箱外部，作为引线对地绝缘以及起到固定引线的作用，需要具备良好的电气强度和机械强度。一般来说，主变10kV套管采用单体瓷绝缘套管，这种套管仅一个瓷套，卡装在变压器油箱上。主变低压侧因载流量大，通常采用铜排与10kV套管进行连接。铜排与导线相比，在制作尺寸有偏差或者环境气温变化导致铜材料热胀冷缩情况下，对套管头部水平拉力较大，容易造成套管偏斜，进而导致套管瓷盖与瓷套连接处以及安装法兰处渗油甚至漏油（图1-1）。

图1-1　套管受力分析

因此，需要在套管与铜排连接处安装软连接，补偿铜排在制作过程中的尺寸偏差，消除环境温度变化引起的热胀冷缩，使主变10kV套管不受到水平拉力的影响，防止渗油。

3. 整改措施

在主变10kV套管与铜排连接处安装软连接（图1-2），防止套管受到水平拉力而渗油。

图1-2　套管软连接

第 2 条 主变各阀门标明开断标识

1. 工艺差异

部分主变上各个阀门无开断标识，无法直接观察阀门开闭情况，可能会导致阀门开闭情况错误，不符合《国家电网公司变电验收通用管理规定 第 1 分册 油浸式变压器（电抗器）验收细则》中“变压器阀门操作灵活，开闭位置正确，阀门接合处无渗漏油现象”的要求。

2. 分析解释

主变的各段油路通过阀门进行开断。为了保证主变的安全稳定运行，主变有多个阀门需要保持开启。例如，为了保证主变散热效果，主变油箱与散热片连接处的阀门需保持打开；为了保持主变油箱变压器油满充状态，并使油温变化时油箱压力保持稳定，主变油枕至主导油管处阀门需要保持打开；为了使有载开关油循环畅通，有载开关在线滤油装置两侧的阀门需要保持打开。另外，为了避免一些不必要的渗油，以及检修时防止喷油，需要对一些阀门保持关闭，例如主变放油阀需要保持关闭，减少密封法兰处的渗油概率，防止检修工作拆开法兰时因阀门未关而造成喷油。

如果阀门上无开断标识，就无法直接观察到主变上各个阀门的开断情况，特别是在主变带电的情况下。因此，为了保证主变安全稳定运行，有效观察主变上各个阀门开断情况，需要对主变上各个阀门标明开断标识。

3. 整改措施

在主变各个阀门上标注开断标识，检查确认各个阀门的开断情况。整改前后如图 1-3和图 1-4 所示。

图 1-3 阀门指示不清晰，阀门无明确指示开闭位置的标志

图 1-4 阀门必须根据实际需要处在关闭和开启位置且开闭标志清晰

第3条　户内变压器应采用大门设计

1. 工艺差异

部分户内主变在设计、施工阶段未充分考虑主变后期检修、吊装等工作，如果主变室的门采用小门设计，导致升高车、吊机等大型机械无法作业，后期检修工作开展困难。

2. 分析解释

随着城市的蓬勃发展，用电量水涨船高。近几年市区内新建变电站为了减少土地成本，降低设备风险，兼顾城市美观，开始逐渐采用全户内化设计。但是户内主变在设计及施工阶段并未充分考虑主变后期检修、附件更换吊装等工作，导致主变的检修工作开展较为困难。

例如某全户内220kV变电站主变室采用小门设计（图1-5），导致升高车、吊机等机械无法作业。套管头等较高部位检修需在室内搭设脚手架工作，加大了检修人员的安全风险。如果需要进行吊装作业，需要将整墙拆除，费时费力。

3. 整改措施

运用新设计时，要充分考虑后期检修工作的开展，将小门改为能够完全打开的大门，如图1-6所示。

图1-5　主变室采用小门设计

图1-6　主变室采用可打开的大门设计

第4条　户内变压器应充分考虑高空作业、吊装条件

1. 工艺差异

部分户内主变的导线搭接面位置较高，无法用常规检修办法进行检查、检修。

2. 分析解释

新建变电站采用户内化设计是近几年的设计趋势，但是新设计也有部分不成熟的地方。初期设计对检修工作考虑较少，例如某全户内220kV变电站在主变安装过程中，部分导线的搭接面位置较高且靠近室内侧。在主变安装的基建过程中，施工人员可以通过升高车到达该位置进行搭接等工作。但是在主变安装完成后，主变进行消防系统的安装，消防管道阻挡了升高车的行进空间，导致检修工作进行时，升高车无法到达上述的导线搭接部位，如图1－7所示。又因主变油池铺满鹅卵石，搭接脚手架到达该位置的风险较大，且耗时耗力，如图1－8所示。

图1－7　消防管道挡住升高车行进空间

图1－8　主变场地内高低不平，脚手架搭接与移动困难

3. 整改措施

在设计初期便要考虑到主变导线搭接面的位置，方便后续检修工作的开展，如图1－9所示。

图1－9　升高车可以到达检修部位

第5条　主变高压套管引线需加装接地挂环

1. 工艺差异

部分主变高压套管侧的导线上没有加装接地挂环，在主变停电需要在高压侧挂拆接地线时，接地线的挂拆较为困难。

2. 分析解释

为了保证有足够的对地距离，主变的高压侧套管较长，高压套管接线板距离地面较高。高压侧导线一般为竖直安装，角度接近垂直于水平面。目前常用的接地线结构是垂直勾在导线上，如图1-10所示，因此，直接挂接在主变高压侧的接地线接近水平方向，挂接难度较大。

增加接地挂环后，接地线可以直接竖直地挂在接地挂环上，方便人员挂拆。

3. 整改措施

在220kV主变的高中压侧、110kV主变的高压侧加装接地挂环，如图1-11所示。

图1-10　没有接地挂环时接地线挂接方式

图1-11　接地挂环

第6条　主变10（35）kV穿墙套管安装底板采取防涡流措施

1. 工艺差异

部分主变10（35）kV穿墙套管安装底板没有采取防涡流措施，在主变运行时，由于感应电的原因，穿墙套管安装底板会产生涡流，引起过热。

2. 分析解释

一般10（35）kV出线采用室内开关柜设计，在主变低压侧进入到室内需经过穿墙套管，如图1-12所示。为保证穿墙套管处的墙体强度，需在穿墙套管处安装底板。为了节省成本，穿墙套管底板有时会采用金属材料，在主变运行时，通过感应电，穿墙套管底板会产生涡流，继而发热。因此穿墙套管底板应采用防涡流材料，或采取防涡流措施。

3. 整改措施

穿墙套管底板采用防涡流材料，或采取防涡流措施。

图1-12 穿墙套管

第7条 主变铁芯、夹件接地采用软连接

1. 工艺差异

部分主变的铁芯、夹件接地未采用软连接，可能会导致支持瓷瓶开裂，严重时导致铁芯、夹件引出瓷瓶处渗油。

2. 分析解释

主变的铁芯、夹件一般采用铜排分别引出接地。随着环境温度的影响，铜排会出现热胀冷缩现象。此时，铁芯、夹件接地采用完全的硬连接（图1-13）会产生对引出瓷瓶和支持瓷瓶的拉力，导致引出瓷瓶处渗油或者支持瓷瓶开裂。

3. 整改措施

主变铁芯、夹件接地采用软连接，如图1-14所示。

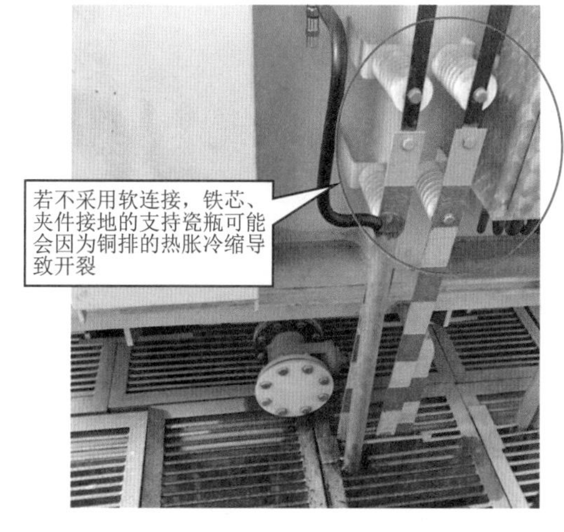

图1-13 主变铁芯、夹件接地未采用软连接

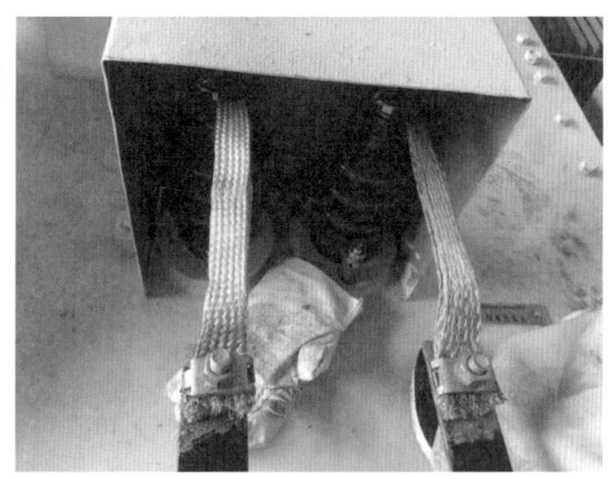

图1-14 主变铁芯、夹件接地采用软连接

第8条　主变35（10）kV低压侧采取绝缘化措施

1. 工艺差异

部分主变35（10）kV低压侧未采取绝缘化措施，可能会引起低压侧相间短路。

2. 分析解释

主变的35（10）kV低压侧相间距离较近，在过去几年的运行经验中发现，树枝、小动物等异物意外接触引起跳闸、短路事件较多。因此对主变低压侧绝缘化作出相应的要求。

绝缘化改造部位为：变压器套管、穿墙套管、独立电流互感器、隔离开关（除转动部位外）等设备的接头及铜（铝）排；电缆接头；当采用裸导线作为设备间引线连接时，其接头外延1m范围内的引线；处于冷却器或片式散热器上方的导线；跨道路管型引线桥；穿墙套管接头外延1m范围内的引线；开关柜内裸露母线排及引流排；支撑引流排的固定金具；有必要进行绝缘化改造的其他部位。

绝缘化材料的厚度与层数需要满足长期运行时的绝缘性能要求。绝缘化材料上接地线挂接点应按满足最小需求设置三相挂接点，沿导线方向应呈“品”字形错开1m，不满足要求的应避免设置接地线挂接点。特殊情况必须设置时，应通过加装绝缘盒等方式进行防护，并做好防进水、防鸟筑巢等措施。完成绝缘化改造后应对材料进行1min工频耐压试验，要求相间发生金属性搭接时应能承受80%短时工频耐受电压。

图1-15　主变低压侧绝缘化改造

3. 整改措施

根据要求对主变低压侧进行绝缘化改造，如图1-15所示。

第9条　新主变应提供整体密封试验相关记录

1. 工艺差异

部分新主变在基建安装完成后，未能提供整体密封试验相关记录，无法对主变整体密封情况有深入了解。

2. 分析解释

一般110kV和220kV变压器多采用钟罩式油箱或密封式油箱。钟罩式油箱上下节油箱之间靠螺栓连接，中间用密封条进行密封；而密封式油箱上下箱沿直接焊接在一起。但是，无论是钟罩式油箱还是密封式油箱，都需要在上节油箱开有大小不一的孔，用来安装套管或套管升高座、操作手孔或人孔、分接开关安装孔、储油柜管孔，以及连接压力释放阀的孔、连接冷却装置的孔和温度计座等，这些孔与外部件或盖板之间需采用密封连接。

如果主变的密封性能不好，会导致主变在安装过程的抽真空注油环节中真空度达不到要求。主变运行过程中，会造成主变渗油，严重时造成主变被迫停运。主变密封性能不好的主要原因为：①主变密封条质量较差，易老化变形；②密封条安装工艺不到位，安装过程中未将密封条垫平或未均匀紧固（图1-16）；③气候原因导致的热胀冷缩以及变压器油的作用加速密封条性能劣化等。

图1-16 密封条安装工艺不佳导致主变渗漏油

为了杜绝因密封条性能较差和密封条安装工艺不到位导致的主变密封性能不佳，需要基建单位提供主变整体密封试验相关记录，核查其试验数据合格。

3. 整改措施

新主变在基建安装完成后，提供整体密封试验相关记录。

第10条 主变10kV引线桥装设避雷器，且采用铜排或软铜线接地

1. 工艺差异

部分主变基建时未考虑在10kV引线桥装设避雷器，导致主变防雷保护功能部分缺失，严重时可能会导致主变因雷击侵入而损坏。

2. 分析解释

变压器在各侧投入运行时，各电压等级母线上的避雷器都应能对其可能受到的侵入波进行保护。但由于变压器运行方式的改变，当低压侧开路，高（中）压侧运行时，假设此时有电压为U_0的侵入波从高（中）压侧侵入，则低压侧会感应出一定的电压U_{20}，U_{20}计算公式为

$$U_{20}=\frac{C_{12}}{C_{12}+C_{20}}U_0$$

式中：C_{12}为高（中）压与电压绕组之间的电容；C_{20}为低压绕组对地电容。

当低压侧绕组开路时，C_{20}很小，所以此时加载低压绕组上电压U_{20}就近似相等于高（中）压侧的侵入波U_0，U_0可危及到低压绕组绝缘。为了限制这种过电压，需要在低压绕组出口处加装避雷器。

3. 整改措施

10kV引线桥装设避雷器，且需加装明显接地，如图1-17所示。

图1-17 主变10kV避雷器

第11条　主变放油阀应安装特高频局部放电探头

1. 工艺差异

部分新主变未在中下部放油阀处预留特高频局部放电探头，导致后期无法进行特高频局部放电试验。不符合浙电会纪字〔2016〕5号文件中“变压器特高频局部放电带电检测探头安装讨论会议纪要，预留1个局部放电（中下部）在线监测接口，法兰接口采用D50铜球阀”的要求。

2. 分析解释

变压器在运行过程中，在电场作用下，只有部分区域发生放电，而没有贯穿施加电压的导体之间，这种现象称为局部放电，是由于局部电场畸变、局部场强集中，从而导致绝缘介质局部范围内的气体放电或击穿所造成的。局部放电往往是电气设备绝缘劣化的前期表现，通过对局部放电的检测可以实现对变压器绝缘状态的准确把握。局部放电过程中会产生一系列的光、声、电气和机械振动等变化，利用特高频监测技术，可以减少现场环境的干扰而检测到局部放电信息。

目前特高频法局部放电检测基本上是通过变压器油阀将传感器植入变压器内部接收特高频信号。大部分变压器在安装时未考虑安装特高频局部放电探头，为后期特高频局部放电检测带来一定困难。

图1-18　特高频局部放电探头

3. 整改措施

在变压器中下部放油阀安装特高频局部放电探头，如图1-18所示。

第12条　变电站设计阶段应同步考虑油色谱、在线滤油机等在线监测系统

1. 工艺差异

部分主变在设计阶段未同步考虑油色谱、在线滤油机等在线监测系统的安装，导致后期加装在线监测系统时安装困难，甚至无法安装，造成主变在线监测手段缺失，为主变安全稳定运行带来隐患。根据浙江省电力有限公司《2012年输变电设备在线监测工作总结会议纪要》（浙电会纪字〔2013〕31号）要求对110kV及以上电压等级的变电站实现监测全覆盖，对新投变电站建议在设计时同步考虑油色谱、在线滤油机等在线监测系统的安装。

2. 分析解释

主变有载开关采用非真空灭弧时，需要加装在线滤油装置，对有载开关切换灭弧时产生的杂质和水分进行过滤。

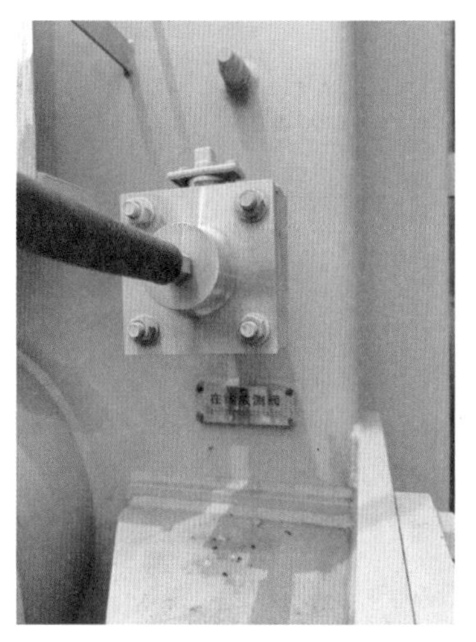

图 1-19 在线监测阀

主变油色谱在线监测装置通过引出运行变压器中的变压器油，对其进行实时的油色谱分析，测定油中的溶解气体的组分含量（包括氢气、氧气、甲烷、乙烯、乙烷、乙炔、一氧化碳和二氧化碳等），从而间接地实时监控变压器内部是否存在潜在性的过热、放电等故障。

在变电站设计阶段需要统筹考虑油色谱在线监测装置和有载开关滤油装置的安装，预留安装位置和电缆，变压器上需要预留油色谱在线装置在线监测阀（图 1-19）、有载开关在线滤油装置管路。

3. 整改措施

在设计阶段同步考虑油色谱、在线滤油机等在线监测系统的安装。

第 13 条 主变油位应与油温-油位曲线相匹配

1. 工艺差异

新主变安装过程中，基建施工单位往往会将主变油位加至较高位置，未考虑与主变油温-油位曲线相匹配。

2. 分析解释

变压器油在环境温度影响下会改变体积。当温度升高时，变压器油体积膨胀，油枕油位会升高；反之，温度下降时，变压器油体积缩小，油枕油位降低。变压器油枕需要保证变压器油体积随着温度变化时，可以正常容纳变压器油，并保证变压器油箱内部基本保持微正压状态，防止外界潮气侵入。油温-油位曲线指明了变压器在某一油温下的油位标准数值，如图 1-20 所示。

在新主变安装过程中，基建施工单位为后期方便油位调整，通常会在真空注油时将油位加至偏高位置。假如油位偏离油温-油位曲线过高，超出变压器油枕可以容纳的变压器油体积变化的上限，则当变压器投入运行，或环境温度升高时，变压器油膨胀，可能会导致变压器油箱内压力升高时，严重时引起压力释放阀喷油动作。

3. 整改措施

主变油位应与油温-油位曲线相匹配。

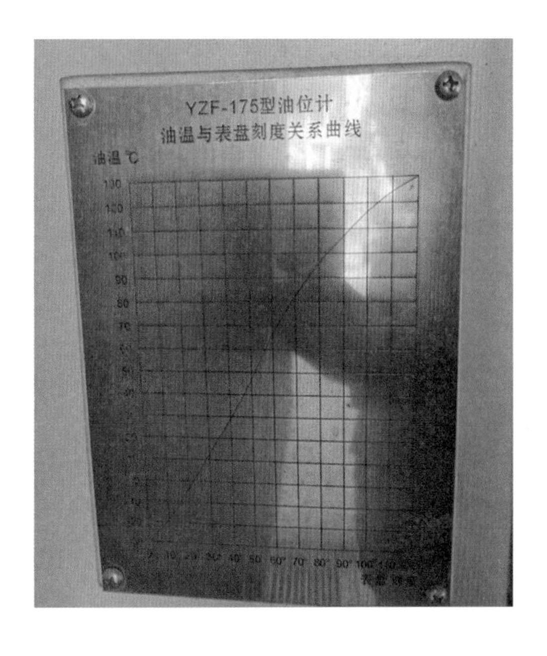

图 1-20 油温-油位曲线

第14条　主变导油管上的伸缩节（膨胀节）应有明确的安装说明

1. 工艺差异

部分安装在主变油管上的伸缩节没有明确的安装说明，无法分辨伸缩节用于长度补偿还是温度补偿。

2. 分析解释

变压器本体气体继电器安装位置以及散热器与本体分离的变压器导油管上需要安装伸缩节，如图1-21所示。伸缩节主要用于补偿管道因温度变化而产生的伸缩变形，也用于管道因安装调整等需要的长度补偿。一般安装在主变上的为波纹管伸缩节。管道伸缩节在使用安装时，一定要严格依据设计部门提供的有关数据。生产厂家需要提供以下数据：①管道压力、通径（管道的通称直径）；②管道设置情况（分架空管道、直埋管道）；③所需管道伸缩节的伸缩量（也称补偿量）；④管道与伸缩节的连接方式（分为法兰连接、焊接两种方式）；⑤介质、介质温度。

图1-21　伸缩节

3. 整改措施

伸缩节应有明确的安装说明。

第15条　变压器安装过程中真空注油环节中关键信息应有相关证明材料

1. 工艺差异

新变压器安装过程中已按照有关标准或厂家规定进行抽真空、真空注油和热油循环，真空度、抽真空时间、注油速度及热油循环时间、温度均应达到要求，但是在档案中无法找到相应的证明材料。

2. 分析解释

在新变压器安装过程中，抽真空、真空注油、热油循环等环节是主变安装过程中的关键环节，抽真空注油的正确实施，是防止变压器受潮、保证主变安装质量的重要保证。

抽真空过程是在常温高真空度下，将气体和水分会蒸发并抽到油箱外，减少变压器内部气体含量和保证绝缘的干燥程度，然后在真空状态下用真空滤油机对变压器进行注油，这就是抽真空注油工艺。

热油循环一般用于轻度受潮或新安装的大、中型变压器。热油循环是利用热油吸收变压器器身绝缘上的水分，带有水分的变压器油循环到油箱外进行干燥后再注入油箱内，通过不断的循环，将器身绝缘上的水分置换出来，从而达到干燥的目的。

抽真空注油过程中的真空度、抽真空时间、注油速度以及热油循环过程中的循环时间、温度是上述环节的关键信息，需要对以上信息进行实时监控并记录。

变压器真空度应符合 220～500kV 变压器的真空度不应大于 133Pa，750～1000kV 变压器的真空度不应大于 13Pa。220～330kV 变压器的真空保持时间不得少于 8h，500kV 变压器的真空保持时间不得少于 24h，750～1000kV 变压器的真空保持时间不得少于 48h 方可注油。

注油时，注入油温应高于器身温度，注油速度不宜大于 100L/min。注油后应进行静置：110kV 及以下变压器静置时间不少于 24h，220kV 及 330kV 变压器静置时间不少于 48h，500kV 及 750kV 变压器静置时间不少于 72h，1000kV 变压器静置时间不少于 168h。

热油循环过程中滤油机加热脱水缸中的温度，应控制在（65±5）℃范围内，油箱内温度不应低于 40℃，当环境温度全天平均低于 15℃时，应对油箱采取保温措施。热油循环持续时间不应少于 48h，或不少于 3×变压器总油重/通过滤油机每小时的油量，以时间长者为准。

3. 整改措施

新变压器安装过程中按照有关标准或厂家规定进行抽真空、真空注油和热油循环，真空度、抽真空时间、注油速度及热油循环时间、温度均应达到要求，同时以上关键信息应做好记录，以证明上述过程符合要求。

第 16 条　变压器制造厂应提供新油无腐蚀性硫、结构簇、糠醛及油中颗粒度报告

1. 工艺差异

变压器制造厂未能提供新油无腐蚀性硫、结构簇、糠醛及油中颗粒度报告。不符合《国家电网有限公司十八项电网重大反事故措施（修订版）》中“9.2.2.5 变压器新油应由厂家提供新油无腐蚀性硫、结构簇、糠醛及油中颗粒度报告”的要求。

2. 分析解释

变压器油是石油的一种分馏产物，它的主要成分是烷烃、环烷族饱和烃、芳香族不饱和烃等化合物，如图 1-22 所示。变压器油有良好的绝缘作用，变压器的铁芯、绕组等浸没在变压器油中，不仅可以提升绝缘强度，还可免受潮气的侵蚀。同时，变压器油的比热较大，变压器运行产生的热量可以通过油上下对流散发出去，在有载开关中的变压器油还承担着灭弧作用。

图 1-22　变压器油

变压器油中如果存在腐蚀性硫成分，则会促使有害皂类的形成和变压器油的酸反应以及金属的腐蚀，对变压器内部绕组及铁芯造成不良影响。因此需要提供新油无腐蚀性硫报告。

变压器油的结构簇、糠醛及油中颗粒度也会影响变压器油的性能，因此需要提供相关的报告。

3. 整改措施

变压器制造厂需要提供新油无腐蚀性硫、结

构簇、糠醛及油中颗粒度报告。

第17条　新变压器就位应有三维冲击记录

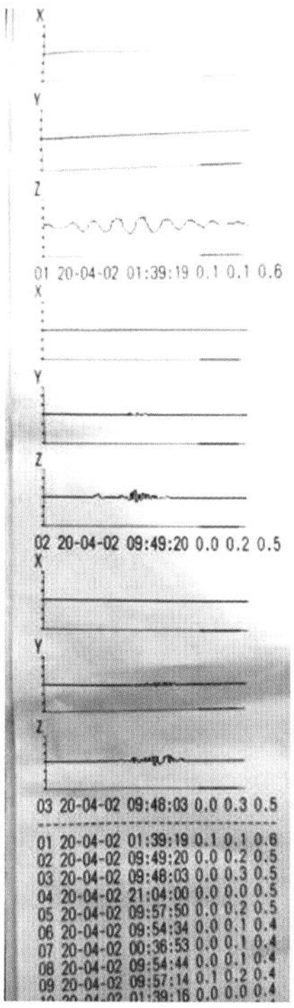

1. 工艺差异

部分新主变就位后，基建施工单位未保存变压器三维冲撞记录，不符合《国家电网公司变电验收通用管理规定 第1分册 油浸式变压器（电抗器）验收细则》中对于变压器到货验收中的规定：设备在运输及就位过程中受到的冲击值，应符合制造厂规定或小于3g。

2. 分析解释

变压器从制造完成到安装现场，中间要经过长途的运输。为了监测变压器在运输过程中是否遭受到大的冲击和振动，采用在变压器上安装三维冲击记录仪的方式。变压器运输过程中，记录仪固定在变压器本体上。记录仪可以记录变压器运输及安装过程中受到的前后左右上下的冲击力和相对应的时间，如图1-23所示。变压器本体在变电站内就位后（卸车后），方可查询记录仪。如果记录仪显示冲击值大于制造厂规定或3g，则需要对变压器进行吊芯（吊罩）检查，密封式油箱变压器则要返厂检修。

图1-23　三维冲击记录

3. 整改措施

新主变就位后，基建施工单位应保存变压器三维冲击记录备查。

第18条　新安装变压器应开展空载损耗试验、负载损耗及局部放电试验

1. 工艺差异

部分新变压器在安装时，基建施工单位未按要求开展空载损耗试验、负载损耗及局部放电试验，未能提供相关试验报告，不符合《国家电网有限公司十八项电网重大反事故措施（修订版）》中9.2.2.7之规定："110（66）kV及以上电压等级变压器在出厂和投产前，应用频响法和低电压短路阻抗测试绕组变形以留原始记录；110（66）kV及以上电压等级的变压器在新安装时应进行现场局部放电试验；对110（66）kV电压等级变压器在新安装时应抽样进行额定电压下空载损耗试验和负载损耗试验；现场局部放电试验验收，应在所有额定运行油泵（如有）启动以及工厂试验电压和时间下，220kV及以上变压器放电量不大于100pC"。

2. 分析解释

变压器空载试验可测量变压器的空载电流和空载损耗，检查变压器是否存在磁路

故障（铁芯片间短路、多点接地等）和电路故障（绕组匝间短路等）。当变压器发生上述故障时，空载损耗和空载电流都会增大。为了检测变压器产品质量需要进行空载试验。

变压器负载损耗试验一般又称短路试验，是将变压器低压侧短路，从高压侧加入额定频率的交流电压（注意将挡位放在额定的挡位上），使变压器线圈内的电流为额定电流，此时功率表显示的数值为负载损耗值，电压表显示的值为阻抗电压值。负载损耗的一部分是由于电流通过线圈的电阻所产生的电阻损耗，另一部分是由于漏磁通引起的各种附加损耗。附加损耗的一部分是线圈的导线在磁场作用下产生的涡流损耗，另一部分是漏磁通穿过线圈压板、铁芯夹件、油箱等结构件所造成的涡流损耗。负载损耗试验可以测量负载损耗和阻抗电压，便于确定变压器的运行情况，计算变压器的效率、热稳定和动稳定，计算变压器二次侧的电压变动率以及变压器的温升情况。

变压器内局部放电主要由于变压器结构不当或者制造和工艺处理不当，造成局部电场强度过高而放电。变压器内局部放电对变压器的不良影响主要有两方面：一是放电点对绝缘的直接冲击造成局部绝缘不良，并逐渐扩大，最终可能导致绝缘击穿；二是放电产生的气体对绝缘造成腐蚀，最终引起击穿。局部放电试验是检查变压器结构是否合理、工艺水平好坏以及变压器内部是否存在局部放电现象的重要试验手段。

3. 整改措施

新安装变压器应开展空载损耗试验、负载损耗及局部放电试验（图1-24）。

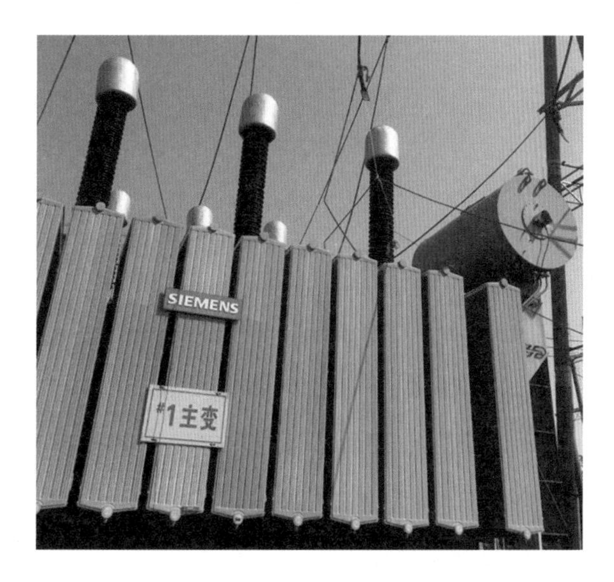

图1-24 变压器进行局部放电试验

第19条 变压器本体上法兰面应有跨接线

1. 工艺差异

部分新安装变压器法兰间无跨接线连接，可能会造成悬浮放电，违反《国家电网公司变电验收通用管理规定 第1分册 油浸式变压器（电抗器）验收细则》规定：“储油柜、套管、升高座、有载开关、端子箱等应有短路接地。”

2. 分析解释

变压器储油柜、套管、升高座、有载开关、端子箱等应有短路接地，否则仅靠法兰面金属接触，可能会因为油漆绝缘而出现电位悬空，造成悬浮放电或者静电伤人。因此需要将储油柜、套管、升高座、有载开关、端子箱等法兰面用跨接线进行跨接，通过主变油箱进行接地。

3. 整改措施

将储油柜、套管、升高座、有载开关、端子箱等法兰面用跨接线进行跨接，以保证可靠接地，如图1-25所示。

图1-25 有载开关顶盖与油箱跨接线

第20条 爬梯应加锁

1. 工艺差异

部分主变爬梯没有可以锁住踏板的防护机构，在主变运行时，有误登主变的风险，不符合《国家电网公司变电验收通用管理规定 第1分册 油浸式变压器（电抗器）验收细则》规定：“梯子有一个可以锁住踏板的防护机构，距带电部件的距离应满足电气安全距离的要求。”

2. 分析解释

主变爬梯可方便人员在主变停电的情况下攀登主变。主变爬梯在一般情况下需要加装一个可以锁住的防护装置，在主变运行的情况下，将主变爬梯锁住，防止人员误登主变。同时，主变爬梯锁是否打开可以作为主变是否停电的标志，在大型检修现场，可以防止人员误入带电间隔。

3. 整改措施

主变爬梯加装一个可以锁住踏板的防护装置，如图1-26所示。

图1-26 主变爬梯防护装置

1.2 变压器附件

第21条　主变非电量保护装置加装防雨罩

1. 工艺差异

部分主变温度计（含温包）、压力释放阀、油位计、瓦斯继电器等非电量保护装置未采取防雨措施或防雨措施不完善。

2. 分析解释

主变非电量保护装置是主变保护的重要形式之一。主变非电量保护装置主要包括：①主变压力释放阀；②主变油枕油位计；③主变本体瓦斯、有载瓦斯；④主变温度计。

若主变非电量保护装置防雨措施不到位（图1-27），雨水很有可能进入非电量保护装置上的微动开关接线盒或二次回路中间过渡接线盒，导致非电量保护装置电气回路绝缘不良，引起非电量保护误动作，严重时甚至可能导致主变误跳失电等严重后果。因此，主变非电量保护装置需要加装防雨罩，防止雨水对其造成不良影响。

图1-27　有载开关气体继电器未安装防雨罩

同时，在基建验收过程中发现，部分防雨罩固定螺栓与主变油管法兰螺栓共用，拆装防雨罩时需要对油管法兰螺栓进行拆卸，对法兰密封性能造成影响。这种情况是需要避免的。

3. 整改措施

对未加装防雨罩的主变非电量保护装置加装防雨罩（图1-28～图1-31），同时注意防雨罩的固定螺栓不能与油管法兰螺栓共用。

图1-28　压力释放阀防雨罩

图1-29　瓦斯继电器防雨罩

图1-30　温度计防雨罩

图1-31　油位计防雨罩

第22条　主变在线滤油装置应便于运行维护

1. 工艺差异

部分主变在安装在线滤油装置时，未充分考虑运行维护的便利性，安装位置较高。

2. 分析解释

主变在线滤油装置是主变有载开关的附属设备。非真空灭弧的有载开关在切换挡位的时候因在变压器油中有一个灭弧的过程，会在变压器油中产生杂质，需要通过在线滤油装置进行除杂除水（图 1-32）。在线滤油装置是运维人员巡视的一个要点。同时，在线滤油装置的除水除杂滤芯有一定的使用寿命，当在线滤油装置告警时，需要对除水除杂滤芯进行更换，这个过程不需要主变停电。

部分在线滤油装置在安装时没有考虑到后续运行检修的需求，安装位置过高，对运行检修带来一定的困难。

3. 整改措施

调整位置过高的在线滤油装置，使其便于运行维护。

图 1-32 变压器在线滤油装置

第 23 条 主变瓦斯继电器防雨罩应更改为易拆方式，不能用油管螺栓固定

1. 工艺差异

部分主变瓦斯继电器的防雨罩固定在油管螺栓上，检修时需要松动油管螺栓才能卸下，对主变油管的密封性会造成影响。

2. 分析解释

主变瓦斯继电器需要加装防雨罩，防止雨水进入非电量保护装置上的微动开关接线盒或二次回路中间过渡接线盒，导致非电量保护装置电气回路绝缘不良，引起非电量保护误动作。在主变间检修时，需要拆下防雨罩，对瓦斯继电器进行检修。同时，因为部分防雨罩结构不佳，容易引起鸟类筑巢，清除鸟窝也需要将防雨罩拆下。目前使用的瓦斯继电器型号较多，大小不一，因此瓦斯继电器的防雨罩形式也五花八门。有一类防雨罩与瓦斯继电器共用油管上的安装法兰螺栓，在主变未注油前进行安装。但是在拆卸防雨罩时，需要将螺栓松动，很可能会破坏法兰面的密封性能，造成法兰面渗油。因此，主变瓦斯继电器防雨罩不能与油管螺栓共用（图 1-33），应该改为易拆方式。

图 1-33 防雨罩固定在油管螺栓上

3. 整改措施

主变瓦斯继电器防雨罩的固定改为易拆形式，如图 1-34 和图 1-35 所示。

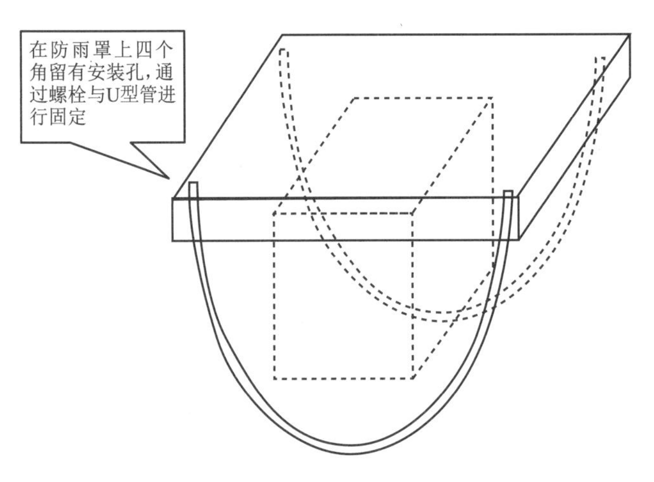

图 1－34　防雨罩固定形式示意图

图 1－35　防雨罩实物图

第 24 条　主变压力释放阀喷口下引，朝向鹅卵石，离地面 500mm

1. 工艺差异

图 1－36　压力释放阀喷口位置过高

部分主变的压力释放阀喷口没有下引，或喷口离地面太近，不利于压力释放，不符合《国家电网公司变电验收通用管理规定 第 1 分册 油浸式变压器（电抗器）验收细则》中“压力释放阀安全管道应将油导至离地面 500mm 高处，喷口朝向鹅卵石，并且不应靠近控制柜或其他附件”的要求。

2. 分析解释

主变发生故障使油箱内压力增加，当箱内的压力超过压力释放阀预设的压力时，变压器油可以从压力释放阀喷口喷出，从而释放油箱内超常的压力，保护变压器。

若压力释放阀喷口高度过高或者为朝向地面鹅卵石，压力释放阀喷出的变压器油可能会飞溅到主变器身及巡视人员，对设备和人身安全造成威胁，如图 1－36 所示。压力释放阀喷口位置过低时，会不利于压力的释放，压力释放过程减缓，严重时会扩大事故的影响，如图 1－37 所示。

3. 整改措施

主变压力释放阀喷口下引，朝向鹅卵石，离地面 500mm，如图 1－38 所示。

图 1-37 压力释放阀喷口位置过低

图 1-38 压力释放阀喷头正确位置

第 25 条 压力释放阀喷口应有防小动物网罩

1. 工艺差异

部分主变压力释放阀喷口处没有防小动物网，可能会造成动物爬入压力释放阀喷口或在管道内筑巢，引起压力释放阀泄压通道堵塞。

2. 分析解释

当主变发生故障，内部压力增加，压力释放阀需要及时将变压器内油喷出，防止事故进一步扩大。压力释放阀泄压通道的通畅与否会影响排油速度，从而影响变压器内部压力释放速度。当压力释放阀泄压通道喷口无小动物防护网时，小动物可能会爬入泄压通道内，并在内部筑巢，对泄压通道造成堵塞。因此，需要在压力释放阀喷口处安装防小动物网罩，防止小动物爬入泄压通道内。

3. 整改措施

压力释放阀喷口加装防小动物网罩，如图 1-39 所示。

图 1-39 防小动物网罩

第 26 条　呼吸器应有 2/3 标识

1. 工艺差异

部分主变的本体、有载呼吸器上没有 2/3 标识，会造成对呼吸器内硅胶变色情况判断不准确，不符合《国家电网公司变电验收通用管理规定 第 1 分册 油浸式变压器（电抗器）验收细则》的规定："呼吸器密封良好，无裂纹，吸湿剂干燥、自上而下无变色，在顶盖下应留出 1/6～1/5 高度的空隙，在 2/3 位置处应有标示"。

图 1－40　呼吸器标识

2. 分析解释

呼吸器可清除和干燥由于变压器温度变化而进入储油柜的空气中的杂质和水分。一般在呼吸器内填装变色硅胶用于显示受潮情况。当硅胶吸收水分失效后，会从蓝色变成粉红色。当硅胶变色超过 2/3 时，则需要对硅胶进行更换，以保证呼吸器吸湿功能。在呼吸器 2/3 处添加标识，能够更好地判断呼吸器内硅胶变色的情况。

3. 整改措施

在呼吸器 2/3 处增加标识，如图 1－40 所示。

第 27 条　散热器风机应有网罩

1. 工艺差异

部分冷却形式为风冷的变压器，散热器风机未加装防护网，可能会导致异物飘入或人员误碰风机风扇，存在安全隐患（图 1－41）。

图 1－41　风机未加装网罩易使异物掉落和人员误碰

2. 分析解释

风冷形式的变压器，风机散热是主变散热的主要手段。风机一般加装在散热片下方，风机上部有较大空间。散热器风机加装网罩可以有效防护异物落入风机内造成风机故障，同时，网罩也可以防护人员误碰风机风扇，保护运维检修人员的安全。

3. 整改措施

散热器风机加装网罩。

第 28 条 套管油位应符合要求

1. 工艺差异

变压器在安装过程中，基建施工单位易忽视套管油位情况，导致套管油位不符合《国家电网公司变电验收通用管理规定 第 1 分册 油浸式变压器（电抗器）验收细则》规定："油位计就地指示应清晰，便于观察，油位正常，油套管垂直安装油位在 1/2 以上（非满油位），倾斜 15°安装应高于 2/3 至满油位"。

2. 分析解释

目前 66kV 以上的电压等级绝缘套管一般采用电容式套管。其中，油纸电容式套管在电容芯子与瓷套之间的空隙需要注满变压器油，因此在套管头部有一个适应变压器油热胀冷缩用的储油柜。套管垂直安装油位应在 1/2 以上（非满油位），倾斜 15°安装应高于 2/3 至满油位（图 1-42）。基建施工过程中往往忽视套管油位情况，导致套管油位不满足要求。

3. 整改措施

套管油位要符合规定的要求，垂直安装油位应在 1/2 以上（非满油位），倾斜 15°安装应高于 2/3 至满油位。

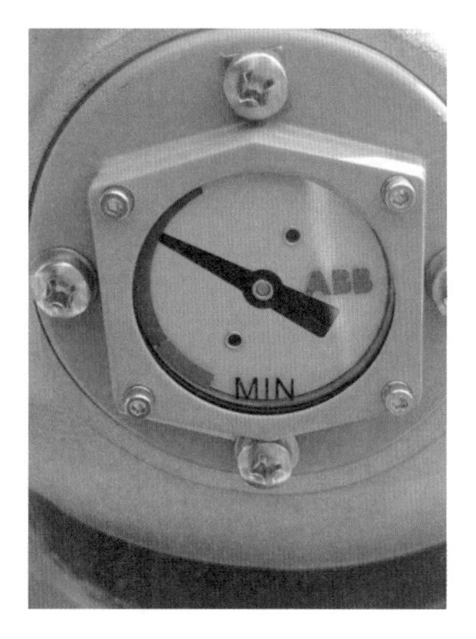

图 1-42 套管油位计

第2章 四 小 器

2.1 电流互感器

电流互感器是依据电磁感应原理将一次侧大电流转换成二次侧小电流来测量的设备，如图 2-1 所示。在发电、变电、输电、配电和用电的线路中电流大小悬殊，从几安到几万安都有，为便于测量、保护和控制，通过电流互感器转换为比较统一的电流。电流互感器与测量仪表相互配合，可以测量电力系统的电流和电能；与继电器配合，则可对电力系统进行保护。同时，电流互感器起到与电压较高的线路电气隔离的作用。

图 2-1 电流互感器

电流互感器接近于短路运行的变压器，它的一次绕组匝数很少，与线路串联，二次绕组匝数很多，与仪表及继电保护装置串联。电流互感器与变压器有所不同的是，电流互感器的二次电流几乎不受二次负载的影响，只随一次电流的变化而变化，所以能够在一定的准确级内测量电流。电流互感器不能开路运行。

第 29 条 电流互感器金属膨胀器油位不宜过高或过低

1. 工艺差异

电流互感器金属膨胀器油位不宜过高或过低，部分施工单位安装电流互感器后补油不足，油位过低或三相油位不一致。

2. 分析解释

《国家电网公司变电验收管理规定（试行） 第 6 分册 电流互感器验收细则》规定：“金属膨胀器视窗位置指示清晰，无渗漏，油位在规定的范围内；不宜过高或过低，绝缘油无变色”，如图 2-2 所示。

金属膨胀器内部绝缘油主要起绝缘作用，若投运时油位过低，当出现异常情况发生渗油时，造成短时间内部绝缘能力降低，将引起接地故障，甚至造成设备爆炸和全站停电。若油位过高，环境温度升高时，绝缘油在热胀冷缩作用下体积膨胀，油位达到极限后将使内部油压迅速增大，损坏油箱，引起渗漏甚至喷油。

对于三相油位一致，当有一相漏油导致油位降低时，通过三相油位对比可以发现异常，便于运行人员发现渗油缺陷。若初始三相油位不一致，原本油位高的互感器渗漏油后油位下降，但与其余两相相比差别不大，巡视时可能被忽略。因此投运前三相油位应一致。

3. 整改措施

验收时如发现互感器油位过低，应要求施工方将金属膨胀器油位补充到合适位置，且三相油位一致，如图 2－3 所示。

图 2－2　电流互感器油位

图 2－3　三相油位一致

第 30 条　金属膨胀器固定装置应拆除

1. 工艺差异

《国家电网有限公司十八项电网重大反事故措施（修订版）》第 11.1.2.5 条规定："互感器安装时，应将运输中膨胀器限位支架等临时保护措施拆除，并检查顶部排气塞密封情况。"部分施工单位在安装互感器时存在膨胀器固定装置漏拆的情况，一旦投运将无法指示正确油位，且温度升高导致变压器油体积膨胀后压力较大，存在较大安全隐患。

2. 分析解释

金属膨胀器的主体实际上是一个弹性元件，当电流互感器内变压器油的体积因温度变化而发生变化时，膨胀器主体容积发生相应的变化，起到体积补偿作用。保证电流互感器内油不与空气接触，没有空气间隙，密封好，减少变压器油老化。

互感器运输时，为防止金属膨胀器晃动或碰撞造成损伤，往往用限位支架将膨胀器

图 2 - 4　固定装置

固定住，如图 2 - 4 所示。互感器安装时，若膨胀器固定装置未拆除，膨胀器将失去补偿作用，无法反应油位变化，运行人员无法判断互感器内油位高低，一旦油位低于互感器线圈位置将造成事故；同时当温度升高时导致变压器油体积膨胀，若是膨胀器无法及时扩张，内部压力将急剧增大，造成膨胀器损坏甚至爆炸，因此互感器安装时应将金属膨胀器的固定装置拆除。

3. 整改措施

结合验收查看金属膨胀器固定装置是否已拆除，未拆除的现场立即整改拆除，同时检查金属膨胀器弹性程度。

第 31 条　电流互感器应有两根与主接地网不同地点连接的接地引下线

1. 工艺差异

《国家电网公司变电验收管理规定（试行）　第 6 分册 电流互感器验收细则》规定：“应保证有两根与主接地网不同地点连接的接地引下线”。部分施工单位安装电流互感器时只装设了一根接地引下线。

2. 分析解释

在运行中，如果互感器内部线圈击穿，将会造成外壳带电或将高电压串入低电压系统，造成人员和低压设备危害，故电业安全规程和技术规程都规定，互感器的外壳和副线圈必须接地。电流互感器外壳接地属于保护性接地，以保护人身和设备的安全，为防止一根接地线出现虚接的情况，要求电流互感器外壳必须双接地，如图 2 - 5 所示。

3. 整改措施

采用扁铁添加一根接地引下线，避免一根接地线虚接而出现伤害人身、损害设备与电网故障异常情况。

图 2 - 5　接地引下线

第 32 条　电流互感器两侧线夹不应采用铜铝对接过渡线夹

1. 工艺差异

《国家电网公司变电验收管理规定（试行）　第 6 分册 电流互感器验收细则》规定：“线夹不应采用铜铝对接过渡线夹”，但部分施工单位仍使用铜铝对接式过渡线夹，存在一定的安全隐患。

2. 分析解释

现代电力系统中，铜铝过渡线夹占据着比较重要的地位。尤其在变电站中，电气设备与铝导线的连接中往往采取铜铝过渡线夹的方法，但因铜铝过渡线夹内在的本质特性，铜与铝连接后通电会发生电化学反应，导致铝线逐步氧化，降低铝线的机械强度；铜与铝的电阻率不同，通过电流时会产生大量余热，较易产生过热故障等，铜铝线夹的使用给电力系统的稳定运行带来了比较大的安全隐患。

电流互感器一次接线端一般是铜材质，为与铝导线相连，导线线夹一般采用铜铝过渡线夹。为保证设备安全稳定运行，目前通常使用将铜片焊接在铝线夹一侧接触面上的铜铝过渡线夹，但施工单位有时仍会使用存在安全隐患的铜铝对接式过渡线夹（图 2-6）。

图 2-6　铜铝对接式过渡线夹

铜铝对接式过渡线夹是采用闪光焊接工艺，将高温熔化的铜板和铝板各自一端对接，然后结合在一起。这种工艺的成本虽然不高，但是生产效率也不高，而且这种工艺生产的复合板中间结合处较脆且中间结合处的导电性能极不好，受力后也极易断裂。

图 2-7　铜铝过渡式线夹

根据电网设备安全稳定运行维护要求，对于电网在运的采用闪光焊对接工艺的设备铜铝过渡线夹，应逐步予以更换。

3. 整改措施

对于铜铝对接线夹应全部更换为贴有过渡片的铝线夹，原导线长度不足的需更换导线，重新制作导线后安装；原导线长度充足的则可剪断铜铝对接线夹，采用贴有过渡片的铜铝过渡线夹（图 2-7）压接后重新安装。

第 33 条　电流互感器二次接线盒应封堵完好

1. 工艺差异

《国家电网公司变电验收管理规定（试行）　第 6 分册 电流互感器验收细则》规定："接地、封堵良好"。但部分施工单位对互感器二次接线盒的封堵不到位，封堵工艺不加或防火泥质量差，运行一段时间后即开裂脱落，如图 2-8 和图 2-9 所示。

2. 分析解释

二次接线盒内部接线主要用于测量与保护，如果封堵不严，常年在室外运行，容易发生进水故障，将引起二次接线盒接线发生短路，保护和测控失去电压，危害整个系统安全。

图 2-8 防火泥脱落

二次接线盒接线是从接线盒底部电缆引进，接线盒在电缆进入的位置开有一电缆穿孔，该电缆穿孔应采用防火泥封堵（图 2-10），避免水汽进入接线盒引起受潮，造成节点短路或锈蚀，同时防止有小动物通过电缆穿孔进入接线盒导致接线损坏或短路故障。防火泥应封堵牢固，且不易开裂脱落。

3. 整改措施

对于未封堵或封堵不到位的情况，应督促施工单位采用防火泥重新封堵牢固；对于防火泥质量差、易干裂脱落的情况，应责令施工单位选用质量可靠的防火泥。

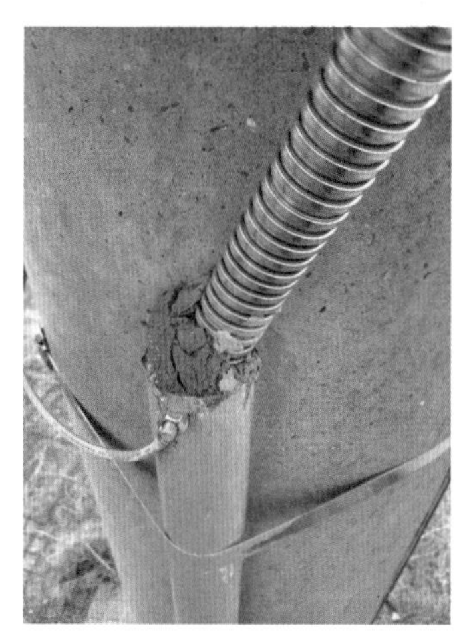

图 2-9 防火泥开裂

图 2-10 防火泥封堵完好

第 34 条 电流互感器应有局部放电、交流耐压试验报告

1. 工艺差异

《国家电网有限公司十八项电网重大反事故措施（修订版）》第 11.1.1.10 条规定：“110（66）～750kV 油浸式电流互感器在出厂试验时，局部放电试验的测量时间延长到 5min”。第 11.1.2.3 条规定：“110（66）kV 及以上电压等级的油浸式电流互感器，应逐台进行交流耐压试验”。但部分生产厂家未提供互感器的局部放电及交流耐压试验报告。

2. 分析解释

由于互感器在浇注环氧树脂时可能残留小气泡，在搬运过程中又容易因振动和撞击产生微小裂纹。这些微小的气泡和裂纹往往存在于绝缘体的局部，没有形成连通性故障，用交流耐压方式无法检测成功。在交流高电压作用下，便会产生局部放电，周而复始地形成恶性循环，并伴随着电、热、声、光过程，加速绝缘材料的老化，以致酿成严重的电气事故，破坏系统的正常运行。利用局部放电的方式进行绝缘体局部放电检测，通过获取局部放电量来判断检测部位是否存在着放电现象，从而检验出绝缘体内部的薄弱环节，提高互感器的运行安全性。

交流耐压试验是鉴定电气设备绝缘强度最直接的办法，对于判断电气设备能否投入运行具有决定性的意义，也是保证设备绝缘水平、避免发生绝缘事故的重要手段。为考核电流互感器的主绝缘强度和检查其局部缺陷，电流互感器必须时绕组连同套管一起进行对外壳的交流耐压试验。

交流耐压试验是破坏性试验，在试验之前必须先对被试品进行绝缘电阻、吸收比、泄漏电流、介质损失角及绝缘油等项目的试验，试验结果正常方能进行交流耐压试验，若发现设备的绝缘情况不良（如受潮和局部缺陷等），通常应先进行处理后再做耐压试验，避免造成不应有的绝缘击穿。电流互感器外施工频耐压试验一般在交接、大修后或必要时进行。部分制造厂虽有进行电流互感器的局部放电、交流耐压试验，但在交接时并未提供相关试验报告，后续无法进行比较。

3. 整改措施

在设计联络会上应予以明确，基建过程中应要求制造厂提供相关试验报告并移交档案部门留存。

第35条 电流互感器应有一次直流电阻设计值及测试值报告

1. 工艺差异

《国家电网有限公司十八项电网重大反事故措施（修订版）》第11.1.2.9条规定："电流互感器一次直流电阻出厂值和设计值无明显差异，交接时测试值与出厂值也应无明显差异，且相间应无明显差异"。但部分制造厂交接时未提供一次直阻设计值，安装时无法进行比较。

2. 分析解释

电流互感器的一次绕组直流电阻测试可以检查电流互感器一次绕组接头的焊接质量、绕组有无匝间短路以及引线是否接触不良等问题。因此，严格执行电流互感器一次绕组直流电阻测试标准对电流互感器的安全运行具有重要意义。DL/T 596—1996《电力设备预防性试验规程》对电流互感器一、二次绕组直流电阻的要求是："同型号、同规格、同批次电流互感器一、二次绕组的直流电阻值与平均值的差异不宜大于10%"。

3. 整改措施

在设计联络会上应予以明确，基建过程中应要求制造厂提供相关一次直流电阻设计值及测试值报告并移交档案部门留存。

第 36 条　电流互感器底座应有排水结构

1. 工艺差异

电流互感器底座应有排水措施，但部分电流互感器安装时底座支架四周焊死封闭，导致内部易积水，长期运行后互感器底板锈蚀穿孔，造成渗漏油。

2. 分析解释

电流互感器底座一般使用槽钢支撑（图 2－11），安装时应为中空，才不易积水。

部分施工单位在安装电流互感器时底座采取全封闭结构（图 2－12），支撑底座的槽钢围成一个近乎密封的空间。

图 2－11　底座使用槽钢支撑

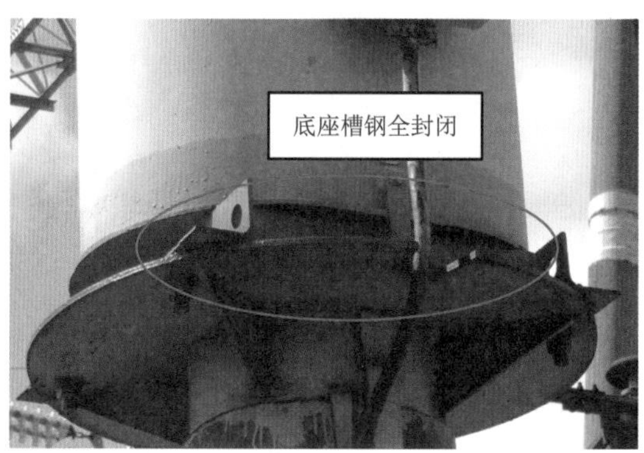

图 2－12　底座全封闭

全封闭结构的底座，检修时防腐刷漆无法覆盖到互感器底部。同时由于四周完全贴合封死，导致一旦积水将难以排出，加重内部锈蚀速度（图 2－13、图 2－14）。当互感器底板严重锈蚀到穿孔渗油后，渗油缺陷也将难以处理，只能采取更换电流互感器的措施。

3. 整改措施

新安装电流互感器底座应中空，才不易积水，对旧的全封闭式底座应开排水孔或将底座垫高，预留出排水口。

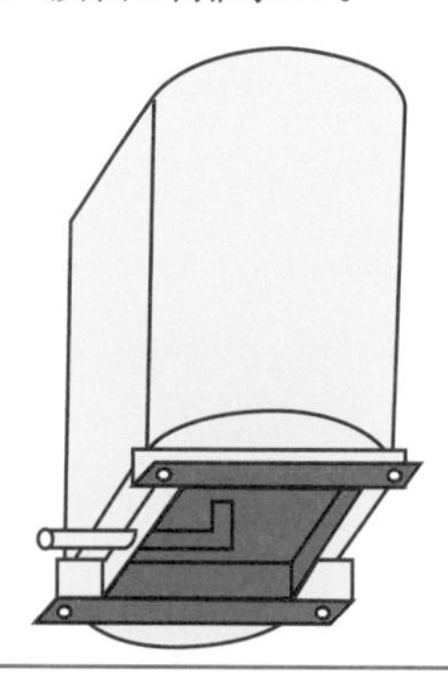

防腐刷漆可以保护到的部分无明显锈迹，且未发生渗漏油；锈蚀渗漏部位为防腐刷漆不能保护到的位置，锈蚀严重

图 2－13　腐蚀示意图

图 2－14　腐蚀的底座

2.2 电压互感器

电压互感器是将电力系统的高电压变换成标准的低电压（100V 或 $100\sqrt{3}$ V）的设备，如图 2-15 所示。电压互感器变换电压的目的，主要是用来给测量仪表和继电保护装置供电，用来测量线路的电压、功率和电能，或者用来在线路发生故障时保护线路中的贵重设备、电机和变压器。

电压互感器的工作原理与变压器相同，基本结构也是铁芯和原、副绕组。特点是容量很小且比较恒定，正常运行时接近于空载状态。电压互感器不能短路运行。

图 2-15　电压互感器

第 37 条　电压互感器应有局部放电及铁磁谐振试验报告

1. 工艺差异

《国家电网有限公司十八项电网重大反事故措施（修订版）》第 11.1.1.10 条规定："110（66）～750kV 油浸式电流互感器在出厂试验时，局部放电试验的测量时间延长到 5min"。第 11.1.1.9 条规定："电容式电压互感器应选用速饱和电抗器型阻尼器，并应在出厂时进行铁磁谐振试验"。但部分制造厂交接时并未提供相关局部放电和铁磁谐振试验报告。

2. 分析解释

电压互感器是不可或缺的特殊变电装置，主要作用是按比例将交流大电压降低至可用监测仪器直接测量的数值，也可提供电能给自动装置和继电保护装置。电压互感器工作状况的好坏对其绝缘性能有着决定性的影响，而局部放电现象是电压互感器绝缘保护被损坏的主要原因，微弱放电的累积效应会使绝缘缺陷逐渐扩大，最终出现击穿、爆炸现象。为预防危险电力事故的发生，相关人员应积极开展电压互感器局部放电试验，保证电力系统安全运行。

电力系统中存在着许多储能元件，当系统进行操作或发生故障时，变压器、互感器等含铁芯元件的非线性电感元件与系统中的电容串联可能引起铁磁谐振，对电力系统安全运行构成危害。在中性点不接地的非直接接地系统中，铁磁式电压互感器引起的铁磁谐振过电压较为常见，是造成事故较多的一种内部过电压。这种过电压轻则使电压互感器一次熔丝熔断，重则烧毁电压互感器，甚至炸毁瓷绝缘子及避雷器，造成系统停运。

对电容式电压互感器，应要求制造厂在出厂时进行 $0.8U_{1n}$、$1.0U_{1n}$、$1.2U_{1n}$ 及 $1.5U_{1n}$ 的铁磁谐振试验（U_{1n} 指额定一次相电压）。

部分生产厂家虽有进行产品的局部放电及铁磁谐振试验，但在交接时并未提供相关试验报告，导致无后续无法进行比较。

3. 整改措施

在设计联络会上应予以明确，基建过程中应要求制造厂提供相关试验报告并移交档案部门留存。

第 38 条　电压互感器应有两根与主接地网不同地点连接的接地引下线

1. 工艺差异

《国家电网公司变电验收管理规定（试行）　第 7 分册 电压互感器验收细则》规定："110（66）kV 及以上电压互感器构支架应有两点与主地网不同点连接，接地引下线规格满足设计要求，导通良好"。部分施工单位安装电压互感器时只装设一根与主接地网连接的接地引下线。

2. 分析解释

在运行中，如果互感器内部线圈击穿，将会造成外壳带电或将高电压串入低电压系统，造成人员和低压设备危害，故电业安全规程和技术规程都规定，互感器的外壳和副线圈必须接地。电压互感器外壳接地属于保护性接地，以保护人身和设备的安全，为防止一根接地线出现虚接的情况，要求电压互感器外壳必须双接地，如图 2－16 所示。

3. 整改措施

采用扁铁添加一根接地引下线，避免一根接地线虚接而出现伤害人身、损害设备与电网故障异常情况。

图 2－16　两侧各设一根接地引下线

第39条 电压互感器引线线夹不应采用铜铝对接过渡线夹

1. 工艺差异

《国家电网公司变电验收管理规定（试行） 第7分册 电压互感器验收细则》规定："线夹不应采用铜铝对接过渡线夹"，但部分施工单位仍使用铜铝对接式过渡线夹，存在一定的安全隐患。

2. 分析解释

目前电压互感器接线端子通常是铜材质的，而导线使用的是铝材料，若是铜铝直接接在一起将发生电化学反应，导致铝被腐蚀，接触电阻增大。因此目前电压互感器导线线夹一般为铜铝过渡线夹，且应采用将铜片焊接在铝线夹一侧接触面上的铜铝过渡线夹，但施工单位有时仍会使用存在安全隐患的铜铝对接式过渡线夹（图2-17）。

图2-17 铜铝对接式过渡线夹

铜铝对接式过渡线夹是采用闪光焊接工艺，将高温熔化的铜板和铝板各自一端对接，然后结合在一起。铜铝对接式过渡线夹厚度较薄，中间结合处较脆且中间结合处的导电性能极不好，遇到大风天气时，导线受力后该部位易断裂，给电力系统的安全稳定运行带来了较大的安全隐患。

3. 整改措施

对于铜铝对接线夹应全部更换为贴有过渡片的铝线夹，原导线长度不满足要求的需更换导线；原导线长度满足要求的则可剪断铜铝对接线夹，采用贴有过渡片的铜铝过渡线夹后重新压接安装。

第40条 户外易进水线夹应打排水孔

1. 工艺差异

《国家电网公司变电验收管理规定（试行） 第7分册 电压互感器验收细则》规定："在可能出现冰冻的地区，线径为$400mm^2$及以上的、压接孔向上$30°\sim90°$的压接线夹，应打排水孔"，但部分施工单位在施工时存在线夹排水孔遗漏的情况。

2. 分析解释

压接孔向上$30°\sim90°$的压接线夹（图2-18）常年在室外运行时，雨水将沿导线缝隙渗入线夹中并长期积存，遇到低温结冰天气，线夹内水分结冰膨胀可能将线夹胀裂，影响线夹与导线的接触连接情况，导致电压互感器与电网脱开。因此需在线夹底部位置开一排水孔，将线夹内部积水及时排出，防止因结冰造成设备损坏。设备安装时施工单位易将此位置线夹排水孔遗漏。

3. 整改措施

对于线径为400mm²及以上的、压接孔向上30°～90°的户外导线线夹应打排水孔（图2-19），防止因线夹内部积水结冰而损坏设备。

图2-18 压接孔向上易进水线夹

图2-19 线夹排水孔

第41条 电容式电压互感器中间变压器高压侧对地不应装设氧化锌避雷器

1. 工艺差异

《国家电网有限公司十八项电网重大反事故措施（修订版）》第11.1.1.8条规定："电容式电压互感器中间变压器高压侧对地不应装设氧化锌避雷器"，但部分厂家的电容式电压互感器的中间变压器高压侧仍接有氧化锌避雷器。

2. 分析解释

电容式电压互感器是由串联电容器抽取电压，再经变压器变压作为表计、继电保护装置等的电压源的电压互感器。

电容式电压互感器主要由电容分压器和中压变压器组成。电容分压器由瓷套和装在其中的若干串联电容器组成，瓷套内充满保持0.1MPa正压的绝缘油，并用钢制波纹管平衡不同环境以保持油压，电容分压可用作耦合电容器连接载波装置。中压变压器由装在密封油箱内的变压器、补偿电抗器和阻尼装置组成，油箱顶部的空间充氮。一次绕组分为主绕组和微调绕组，一次侧和一次绕组间串联一个低损耗电抗器。由于电容式电压互感器的非线性阻抗和固有的电容有时会在电容式电压互感器内引起铁磁谐振，因而使用阻尼装置抑制谐振。阻尼装置由电阻和电抗器组成，跨接在二次绕组上，正常情况下阻尼装置有很高的阻抗，当铁磁谐振引起过电压时，在中压变压器受到影响前，电抗器已经饱和了，只剩电阻负载，使振荡能量很快被降低。

若在中间变压器高压侧对地装设氧化锌避雷器，由于电容和电抗作用下会产生谐振引起过电压，避雷器将会长期处于高压状态，老化速度很快，寿命降低，易造成故障。

3. 整改措施

在设计联络会上应予以明确，电容式电压互感器中间变压器高压侧对地不应装设氧化锌避雷器，验收时如发现不符合规定的应要求厂家整改，取消氧化锌避雷器。

2.3 电容器

电容器与电网中的负荷并联，用于提高功率因数，调整电网电压，降低线路损耗，以充分发挥发电、供电、和用电设备的利用率，提高供电质量，如图2-20所示。电网中的电力负荷（如电动机、变压器等）大部分属于感性负荷，在运行过程中需向这些设备提供相应的无功功率。在电网中安装并联电容器等无功补偿设备以后，可以提供感性负载所消耗的无功功率，减少了电网电源向感性负荷提供的、由线路输送的无功功率。由于减少了无功功率在电网中的流动，因此可以降低线路和变压器因输送无功功率造成的电能损耗。

图2-20 电容器

单相并联电容器主要由芯子、外壳和出线结构等几部分组成。电容芯子用金属箔（作为极板）与绝缘纸或塑料薄膜叠起来一起卷绕，并经若干元件、绝缘件和紧固件压装后而构成。电容极板的引线经串、并联后引至出线瓷套管下端的出线连接片。电容器的金属外壳内充以绝缘介质油。

第42条 35kV及以下电容器组连接母排应做绝缘化处理

1. 工艺差异

《国家电网公司变电验收管理规定（试行） 第9分册 并联电容器验收细则》规定：“35kV及以下电容器组连接母排应绝缘化处理”，但部分施工单位对电容器组连接母排的绝缘化处理不到位。

2. 分析解释

35kV及以下电容器组带电部位离地面距离较近且其相间距离较短，绝缘化处理可以保护巡视人员安全，也可以防止因鸟类栖息、小动物攀爬或者金属性异物搭挂而引起的相间短路或者相对地的短路故障。若母排绝缘化处理不到位，将对设备的安全稳定运行产生一定的威胁。

3. 整改措施

将35kV及以下电容器组母排采用热缩的方式全部绝缘化处理，对母排接头位置使用热缩套盒包裹，如图2-21所示。

图2-21 电容器组母排绝缘化

第 43 条　安装在室内的电容器组，电容器室应装有通风装置

1. 工艺差异

《国家电网有限公司十八项电网重大反事故措施（修订版）》第 10.2.1.12 条规定："框架式并联电容器组户内安装时，应按照生产厂家提供的余热功率对电容器室（柜）进行通风设计"，但部分电容器室未装设通风设施。

图 2－22　室内电容器组

2. 分析解释

安装在室内的电容器组（图 2－22）在迎峰度夏期间，在未装有通风装置的情况下长时间高负荷运行，设备产生大量热量无法排出，可能造成设备损坏或者爆炸，严重影响电网安全稳定运行。因此并联电容器组安装在室内时，当运行环境温度超过并联电容器装置所允许的最高环境温度时，应进行通风量校核，对不满足消除余热要求的，应采取通风降温措施或实施改造。

电容器室如装有通风装置，其进风口和出风口应对侧对角布置。通风装置应满足手动与自动投切功能，将室内环境温度控制在适宜温度，保证变电容器组的安全稳定运行。

3. 整改措施

对电容器室安装适宜功率的排风机，及时将设备运行产生的热量排出，防止室内温度过高，以保证室内电容器组的运行环境良好。

第 44 条　电容器母排搭接处各接触面应处理到位

1. 工艺差异

《国家电网公司变电验收管理规定（试行）　第 9 分册 并联电容器验收细则》规定："电容器各搭接处均应搭接可靠，搭接处应涂抹导电膏"，但施工单位在安装电容器组时存在接触面处理粗糙、导电膏涂抹不均匀，造成运行中出现过热缺陷的情况。

2. 分析解释

《国家电网有限公司十八项电网重大反事故措施（修订版）》第 10.1.3.2 条规定："按照 DL/T 393—2010《输变电设备状态检修试验规程》开展红外检测，定期进行红外成像精确测温检查，应重点检查电容器组引线接头、电容器外壳、MOV 端部以及串补平台上电流流过的其他主要设备"。电容器母排各搭接处（图 2－23）均应搭接可靠，搭接处应涂抹导电膏，特别是对于布置在户外的电容器组，运行环境较差，若是接触面处理不到位，投运后易出现过热缺陷。

电气连接导体接触面和触头接触面，不管加工如何光洁，从细微结构来看，都是凹

凸不平的，实际有效接触面只占整个接触面的一小部分，各种金属在空气中还会生成一层氧化层，使有效接触面积更小。在接触面上涂抹导电膏，导电膏中的锌、镍、铬等细粒填充在接触面的缝隙中，等同于增大了导电接触面，金属细粒在压缩力或螺栓紧固力作用下，能破碎接触面上金属氧化层，使接触电阻下降，相应接头温升也降低，使接头寿命延长。

图 2-23 电容器母排搭接面

3. 整改措施

处理接触面时应用细锉锉去接触面的毛刺，用细钢丝刷除去表面氧化膜，再用酒精、毛巾将接触面清洗并擦拭干净，等表面干燥以后，均匀地涂抹一层较薄的导电膏，最后将接触面叠合，用螺栓紧固到位即可。

第 45 条 10kV 电容器组串联电抗器应采用 5%电抗率的电抗器

1. 工艺差异

10kV 电容器组串联电抗器应采用 5%电抗率的电抗器，有些变电站未采用 5%电抗率的电抗器，在投运中发生谐波谐振现象。

2. 分析解释

并联电容器进行无功补偿是电力系统改善功率因数的有效措施。然而电力系统中大量非线性负载的投运，特别是以晶闸管作为换流元件的电力半导体器件，由于它以开关方式工作，将会引起电网电流、电压波形的畸变，产生大量高次谐波。而电容器对高次谐波反应比较敏感，会对谐波电流起到放大作用，严重时还会产生谐振，造成电容器自身的损坏或无法工作，还危及附近其他电气设备的安全。在具有高次谐波背景中装设补偿电容器，一般采用在电容器回路中串联电抗器的措施，这既不影响电容器的无功补偿作用，又能抑制高次谐波。但串联电抗器必须考虑电容器接入处电网的谐波背景，不可任意组合。只有合理选择串联电抗器的电抗率，使之与电容器进行合理匹配，才能有效地起到抑制谐波的作用。

当无功补偿电容器接入电网存在高次谐波时，电容器对 n 次谐波的容抗降为 X_c/n，系统电感对 n 次谐波的感抗升高为 nX_L。在电网存在有 n 次谐波电流时，如果符合 $nX_L=X_c/n$ 的条件，则将产生 n 次谐波的谐振现象。其 n 次谐波电流与基波电流叠加后，使流过电容器的电流骤增，此时产生的过电流必将危及电容器自身安全或使其无法工作。同时谐波电流在系统阻抗上产生的谐波电压与源电压叠加后产生过电压，此过电压也会威胁到电容器的安全运行。采用并联电容器进行无功补偿所构成的电路中，若电容器支路与系统发生并联谐振，此时谐振点的谐振次数为

$$n_0=\sqrt{\frac{X_c}{X_L+X_s}}$$

式中：X_s 为系统等值基波短路电抗；X_L 为电抗器基波电抗；X_c 为电容器基波电抗（$X_L=AX_c$，A 为电抗率）。

从上式看出，串入电抗器的电感越大，则谐波次数 n_0 越低，因而可通过串入电抗器电感的大小来控制并联谐振点，从而达到避开谐波源中的各次谐波的目的。由此可见，根据电网实际运行情况，在补偿电容器回路中串联5%电抗率的电抗器，即能有效地避开谐振点。

3. 整改措施

在电容器组设计阶段，10kV电容器组串联电抗器应选用5%电抗率的电抗器。

第46条　电容器组避雷器应安装在紧靠电容器组高压侧入口处位置，泄漏电流表应安装在围栏外

1. 工艺差异

《国家电网有限公司十八项电网重大反事故措施（修订版）》第10.2.1.9条规定："电容器组过电压保护用金属氧化物避雷器应安装在紧靠电容器组高压侧入口处位置"。部分施工单位安装电容器组时避雷器未安装在紧靠电容器组高压侧入口处位置，或泄漏电流表未安装在围栏外，如图2-24所示。

2. 分析解释

当采用真空断路器切、合电容器组时，仍有2%～6%的重燃率，为免受操作过电压的损坏，并吸收过电压能量，在电容器组的高压母线上安装氧化锌避雷器对保护电容器组是非常必要的。

电容器组避雷器应安装在紧靠电容器组高压侧入口处位置，以防止系统中的过电压对电容器造成危害，若是未安装在高压侧入口位置，将无法起到对电容器组的保护作用。

3. 整改措施

设计时应将避雷器位置设置在紧靠电容器组高压侧入口处位置，安装时泄漏电流表应用软导线引出至电容器组围栏之外，如图2-25所示。

图2-24　泄漏电流表未安装在围栏外

图2-25　泄漏电流表引出至围栏外

第 47 条　集合式电容器压力释放阀导油管喷口离地面高度应约为 500mm，管口应有防护网

1. 工艺差异

部分施工单位安装集合式电容器时存在压力释放阀导油管喷口离地面高度不符合要求以及管口无防护网的现象，存在一定的安全隐患。

2. 分析解释

当电容器发生故障使油箱内压力增加时，若箱内的压力超过压力释放阀预设的压力，变压器油可以从压力释放阀喷口喷出，从而释放油箱内超常的压力，保护电容器，如图 2－26 所示。

图 2－26　压力释放阀导油管

当压力释放阀喷口高度过高或者未朝向地面鹅卵石时，压力释放阀喷出的变压器油可能会飞溅到电容器器身及巡视人员，对人身安全造成威胁。压力释放阀导油管喷口离地面过近，不利于压力释放；管口无防护网，小动物易进入，造成管口堵塞或损坏压力释放阀。

3. 整改措施

验收时应要求施工方将压力释放阀导油管喷口引至离地面 300mm 左右，管口需加装防护网。

第 48 条　新安装分散式电容器组应采用内熔丝式

图 2－27　外熔丝式电容器

1. 工艺差异

新安装分散式电容器组应采用内熔丝式，但部分变电所仍使用外熔丝式电容器（图 2－27），户外长期运行后熔丝熔断故障频发，且存在由于熔丝质量差导致电容器击穿的隐患。

2. 分析解释

正常情况下电容器工作电流在熔丝的允许范围内，但如果长时间运行，随着熔丝老化以及熔丝上热量的逐渐积累，尽管电容器电流在正常值，也可能发生熔丝熔断现象。大多数电容器熔丝的熔

断都是在电容器没有故障的情况下发生的。

一些并联电容器的外熔丝，其在设计和制造阶段存在一定的不足，造成其开断性能较差，进而导致并联电容器组内部发生故障，出现熔断器误动、拒动的情况，最终致使整个并联电容器组群爆。正在运行的电容器，其熔断器开始启动后，树脂管和尾线随之脱落，电弧促使消弧管分解出气体，进而将电弧吹灭，并通过本身弹力使电弧拉长，使弧阻增加，从而加速熄灭电弧。但消弧管中的温度比较高，容易出现老化、龟裂等质量问题，出现质量问题后电弧所分解出的气体可能无法形成充足的气压，导致熔断器熔断后无法使树脂管与铜绞线分开，电弧无法快速熄灭，引发重燃。

同时，外熔丝长期户外运行易加速老化，熔丝处于熔管边缘的位置易磨损断裂，导致电容器正常运行时发生熔丝“熔断”，如图 2－28 所示。

3. 整改措施

设计并联电容器过程中，应尽量采取内熔丝式的电容器，如图 2－29 所示。对于熔丝无法彻底熔断引发重燃的电容器组，应安排更换。

图 2－28 熔管老化及熔丝磨断

图 2－29 内熔丝式电容器

第 49 条 高压并联电容器组的干式串联空心电抗器不应采用叠装结构

1. 工艺差异

《国家电网有限公司十八项电网重大反事故措施（修订版）》第 10.3.1.3 条规定：“新安装的干式空心并联电抗器、35kV 及以上干式空心串联电抗器不应采用叠装结构，10kV 干式空心串联电抗器应采取有效措施防止电抗器单相事故发展为相间事故”，但部分制造厂提供的电容器成套装置干式串联空心电抗器采用了叠装结构。

2. 分析解释

串联电抗器（图 2－30）主要作用是抑制谐波、限制涌流和滤除谐波。为了保证并

图 2-30 串联电抗器

联电容器的安全运行，必须将电容器的运行电压控制在适度的范围内，且必须限制流入电容器中的谐波电流。电容器中加装串联电抗器可抑制谐波和合闸涌流，限制操作过电压，减小投切电容对电网的冲击，限制电网上的谐波通过电容器，保护电容器和投切开关。

由于叠装结构的空心电抗器相间距离较近，如小动物或较大的鸟类进入电抗器内，会造成相间短路故障，严重时会引起主变压器跳闸，造成大面积停电。因此，新安装的干式空心电抗器不应采用叠装结构。

3. 整改措施

在设计联络会上应明确此规定，工厂验收时如发现不满足要求，应强制制造厂执行此规定。

第 50 条 高压并联电容器组的干式空心电抗器应安装电容器组首端

1. 工艺差异

《国家电网有限公司十八项电网重大反事故措施（修订版）》第 10.3.1.4 条规定：“干式空心串联电抗器应安装在电容器组首端，在系统短路电流大的安装点，设计时应校核其动、热稳定性”，如图 2-31 所示。部分制造厂提供的电容器成套装置干式空芯电抗器安装在电容器组末端。

2. 分析解释

干式空心电抗器与电容器组串联，起到抑制高次谐波和合闸涌流的作用，防止谐波对电容器组造成危害，避免电容器组的接入对电网谐波的过度放大和谐振发生。若是串联电抗器装在电容器组末端，将无法起到限制谐波电流涌入电容器组、保护电容器的作用。

3. 整改措施

在设计联络会上应明确此规定，工厂验收时如发现不满足要求，应强制制造厂执行此规定。

图 2-31 电抗器设置于首端

第51条　两组紧挨布置的电容器组之间应设置安全隔板

1. 工艺差异

两组紧挨布置的电容器组之间应设置安全隔板；部分紧挨的电容器组安装施工时未装设安全隔板，存在误入带电间隔的安全隐患。

2. 分析解释

部分电容器组安装时由于场地狭小，需紧挨布置。为保证人身、电网及设备安全，应在相邻两组电容器之间设置安全隔板，防止人员误入带电间隔，如图2-32所示。

图2-32　隔离护网

3. 整改措施

对于新投运两组紧挨布置的电容器组，在设计阶段应考虑加入安全隔板并预留出土建基础。

2.4 避雷器

避雷器的作用是用来保护电力系统中各种电气设备免受雷电过电压、操作过电压、工频暂态过电压冲击而损坏的设备。当雷击到线路上时，产生雷电波，会沿着线路行进，侵入到发电厂、变电站的一次设备上，形成雷电侵入波。当雷电侵入波幅值超过电气设备的冲击耐压水平，电气设备绝缘就有损坏的风险。在变电站的进、出线端安装避雷器是限制侵入雷电波过电压的主要措施。

避雷器连接在线路和大地之间，通常与被保护设备并联，如图2-33所示。当设备在正常工作电压下运行时，避雷器不会产生作用，对地面来说视为断路。一旦出现高电压，且危及被保护设备绝缘时，避雷器立即动作，将高电压冲击电流导向大地，从而限制电压幅值，保护设备绝缘。当过电压消失后，避雷器迅速恢复原状，使线路正常工作。

图2-33　避雷器

第52条 35kV及以上电压等级避雷器应采用大底座

1. 工艺差异

《国家电网公司变电验收管理规定（试行） 第8分册 避雷器验收细则》规定："避雷器底座应使用单个的大爬距的绝缘底座，机械强度应满足载荷要求"，但部分施工单位在安装35kV避雷器时仍使用小底座。

图2-34 避雷器采用大底座

2. 分析解释

35kV及以上电压等级避雷器质量较重，特别是瓷质避雷器，采用小底座机械强度无法满足载荷要求，底座易发生变形，在大风天气下可能造成避雷器脱落、倒塌事故，存在严重的安全隐患。

3. 整改措施

在设计阶段应将35kV及以上电压等级避雷器按照大底座安装方式设计，如图2-34所示。

第53条 避雷器喷口不应朝向巡视通道

1. 工艺差异

《国家电网公司变电验收管理规定（试行） 第8分册 避雷器验收细则》规定："避雷器压力释放通道无缺失，安装方向正确，不能朝向设备、巡视通道"，但部分施工单位安装避雷器仍将避雷器压力释放通道朝向巡视通道，如图2-35所示。

2. 分析解释

在避雷器过载发生爆炸时，能通过上、中、下多组压力释放口（防爆孔）及时释放能量，以最快的速度泄放压力，可以最大限度地减少人身损伤及财产损失。如果避雷器喷口与泄漏电流表朝向一致，当避雷器发生爆炸且巡视人员此时查看避雷器泄漏电流表时，会造成人员伤亡。

图2-35 压力释放通道朝向巡视通道

3. 整改措施

调整避雷器喷口朝向，使其与泄漏电流表方向错位，以保证巡视人员安全，如图2-36所示。

图 2-36　压力释放通道未朝向巡视通道

第 54 条　避雷器均压环应打排水孔

1. 工艺差异

《国家电网公司变电验收管理规定（试行）　第 8 分册 避雷器验收细则》规定："避雷器均压环与本体连接良好，安装应牢固、平正，不得影响接线板的接线，并宜在均压环最低处打排水孔"，如图 2-37 所示。施工单位在安装避雷器存在未在均压环上开排水孔的问题。

2. 分析解释

常年运行于室外的避雷器，均压环由于其制造质量原因往往不完全密封，易发生进水问题，进水后水分积存在均压环内不易排出，如遇到低温结冰天气，积水发生结冰膨胀，易将均压环胀裂。

3. 整改措施

对于室外避雷器均压环应全部在底部打直径 6mm 的排水孔，如图 2-38 所示。

图 2-37　均压环底部应开排水孔

图 2-38　均压环排水孔

第55条 避雷器大底座应用槽钢架空

1. 工艺差异

避雷器大底座应用槽钢架空，使其不易发生积水。部分施工单位安装避雷器时直接将避雷器底座安装于槽钢封顶板上，底座与封顶板间无间隙，导致避雷器底座易积水，存在一定的安全隐患。

图2-39 底座为中空结构

2. 分析解释

避雷器大底座为中空结构（图2-39），若是底座直接安装于封顶板上，底座与封顶板间无间隙（图2-40），容易积水，从而造成大底座绝缘下降。

图2-40 底座与封顶板无间隙

正常情况下避雷器底部应通过瓷套与构架保持绝缘，泄漏电流通过避雷器底部引出线流经泄漏电流表后流入大地，从而监测到泄漏电流值；由于内部积水导致避雷器底部直接接地，泄漏电流直接流入大地，泄漏电流表将无法监测到泄漏电流值。泄漏电流表可以反映避雷器的绝缘情况，是运行电压下判断避雷器好坏的重要手段，泄漏电流表失去作用将对设备的正常运行产生一定的安全隐患。

同时避雷器底座若是长期积水，易使绝缘材料受潮，绝缘性能下降，最终可导致避雷器沿面闪络甚至击穿。

3. 整改措施

新投运避雷器大底座用槽钢架空，不直接落在支架的顶板上，如图2-41所示；对于旧的直接安装在封顶板上的避雷器，可采取重新安装或在封顶板上开设排水孔的措施。

图 2-41 底座用槽钢架空

第 56 条 避雷器泄漏电流表应采用软导线连接、泄漏电流表高度应便于观察和带电更换

1. 工艺差异

避雷器泄漏电流表应采用软导线连接、泄漏电流表高度应便于观察与带电更换。部分避雷器泄漏电流表安装时用硬导体直接连接，运行中可能造成泄漏电流表破损；泄漏电流表安装高度过高，不利于运行人员巡视及带电更换。

2. 分析解释

避雷器泄漏电流表等用硬导体直接连接（图 2-42），遇到大风天气时，可能造成泄漏电流表破裂，失去与避雷器底座的连接，从而无法记录线路遇到过电压的次数。

避雷器泄漏电流表的安装高度应适宜，便于运维人员的巡视记录及带电更换。

3. 整改措施

对所有采用硬导体连接的泄漏电流表更换为软导体（如黄绿花线）连接，同时调整到合适位置，便于巡视，如图 2-43 所示。

图 2-42 硬导体连接

图 2-43 软导体连接

第57条 35kV及以上电压等级避雷器需使用泄漏电流表

1. 工艺差异

35kV及以上电压等级避雷器需使用泄漏电流表，主变中性点避雷器应采用计数器或带计数功能的泄漏电流表。部分35kV避雷器检测装置仍使用放电计数器（图2-44），无法监测避雷器是否正常运行。

图2-44 放电计数器

2. 分析解释

避雷器是用来限制电网中各种过电压的重要设备，而避雷器正常运行时的泄漏电流数值是考核避雷器好坏的重要参考指标。为能够快速、准确、实时地获得避雷器泄漏电流数据，目前变电站内使用的大部分避雷器都带有泄漏电流表在线监视，对于发现避雷器缺陷、保障电网安全有着一定的作用。35kV及以上电压等级避雷器需使用泄漏电流表监测。

3. 整改措施

新投运35kV及以上电压等级避雷器需使用泄漏电流表；对旧有的35kV避雷器采用放电计数器监测的情况，应将放电计数器更换为相应量程的泄漏电流表，如图2-45所示。

图2-45 泄漏电流表

第58条 110kV及以上瓷质避雷器应装设屏蔽环

1. 工艺差异

110kV及以上瓷质避雷器应装设屏蔽环（图2-46），以减少避雷器外表泄漏电流对避雷器泄漏电流表监测数值的影响。部分避雷器安装时未加装屏蔽环，导致运行时泄漏电流表数值偏小。

2. 分析解释

图2-46　避雷器屏蔽环

目前110kV及以上电压等级避雷器均采用金属氧化锌避雷器。氧化锌避雷器在工频运行电压作用下，阀片有可能产生老化，通过阀片的电流和功率损耗随着时间的增长而逐渐增大，最终导致阀片失去热稳定而损坏。此外，金属氧化锌避雷器也可能因密封不严而导致内部受潮，运行电流增大，严重时导致避雷器故障。避雷器泄漏电流表主要测量避雷器泄漏电流中的阻性分量，包括：外套内、外表面的沿面泄漏，阀片沿面泄漏、阀片本身的非线性电阻分量以及绝缘支撑件的泄漏等。

通过测量避雷器泄漏电流来反映避雷器内部的受潮及老化情况，主要是通过监测瓷套的内表面沿面泄漏及阀片阻性电流的变化来实现。如能屏蔽避雷器瓷套外表面的阻性电流分量，则可提高泄漏电流监测的准确性。因此在瓷质避雷器瓷套底部加装屏蔽环，将瓷套外表面泄漏电流直接接地，不经过泄漏电流表，这样泄漏电流表采集到的即是避雷器内部泄漏电流数据，能够更加有效地判断避雷器是否受潮或老化。

3. 整改措施

对未装设屏蔽环的110kV及以上瓷质避雷器应加装屏蔽环。

第59条　避雷器与相邻设备的最小距离应满足高压试验的要求

1. 工艺差异

部分避雷器安装后与临近设备距离太近（图2-47），导致后期检修维护中在进行高压试验时存在一定的安全隐患。

2. 分析解释

避雷器在进行高压试验时，试验电压可能达到其额定电压的数倍，若避雷器与其他设备距离过近，试验时的高电压将对其他设备造成威胁甚至引发安全事故。为避免此类情况的发生，要求场地设计时避雷器与相邻设备的最小距离应满足高压试验的要求［避雷器引线足够长，拆除后能满足高压试验时的距离要求，避雷器最高点距上方母线（母排）应大于500mm］。

3. 整改措施

设计时应考虑避雷器距离其他设备及上方母线应满足高压试验距离要求，如图2－48所示。

图2－47 上方母线较近

图2－48 距离满足高压试验要求

第3章 断路器

断路器是能够关合、承载和开断电流的开关装置。电力系统中的断路器一般指的是高压断路器，它不仅可以切断或闭合高压电路中的空载电流和负荷电流，而且当系统发生故障时可通过继电器保护装置，切断过负荷电流和短路电流，具有相当完善的灭弧结构和足够的断流能力。

断路器的生产工艺已经较为成熟，在生产基建中的工艺差异不大。差异主要集中在密度继电器、防水、接地和一部分试验项目上。

3.1 断路器本体

第60条 SF_6密度继电器与设备本体之间的连接方式应满足不拆卸校验密度继电器的要求

1. 工艺差异

“不拆卸校验密度继电器”的含义，即不需要将密度继电器从断路器本体上拆除，便可校验密度继电器的指示和动作功能，《国家电网有限公司十八项电网重大反事故措施（修订版）》第12.1.1.3.1条规定：“密度继电器与开关设备本体之间的连接方式应满足不拆卸校验密度继电器的要求”，但部分断路器制造厂的SF_6密度继电器与开关设备本体之间直接相连，或采用其他连接方式但不满足不拆卸校验密度继电器的要求。

2. 分析解释

在SF_6断路器中，SF_6气体是断路器的灭弧和绝缘介质，气体密度不会随温度变化，是保证断路器能够正常工作的重要参数，若气体密度因故降低，将会导致断路器绝缘、灭弧性能下降，无法熄灭电弧，严重时甚至发生爆炸，因此实时监控断路器SF_6气体密度十分重要。监控SF_6气体密度依靠密度继电器，它能够直接反映断路器本体内部SF_6气体的密度，并通过接入信号和控制回路，在气体密度降低时发出告警，或闭锁控制回路，因此密度继电器的指示和动作精确性要求非常高，密度继电器功能校验必须作为一项常规工作来开展。

密度继电器的功能校验需要校验密度继电器在指定密度下的动作情况，但因为密度继电器工作时与本体相连，若仅为了校验密度继电器功能而将断路器本体整个气体系统的气体密度降低，成本过大，因此必须有能够仅校验密度继电器而不影响断路器本体气体密度的手段。

密度继电器和断路器本体的连接方法主要有三种：第一种是密度继电器直接连接在断路器本体上，密度与本体始终保持相同，为不影响本体，直接校验密度继电器需要将其拆卸下来进行；第二种、第三种均在密度继电器与本体之间接入一个“三通阀”，第二种结构的三通阀除了连接本体与密度继电器外，还提供一个带有逆止功能的充气/校验气管接口，正常运行时三通阀仅连通密度继电器和断路器本体，接入充气接头时，三通阀连通密度继电器和断路器本体及气管接口，能够为断路器充气，接入校验接头时，三通阀仅连通密度继电器与气管接口，不连通断路器本体，因此能够在不影响断路器本体密度的情况下校验密度继电器的功能；第三种结构的三通阀有一个开关阀门，正常运行或补气时打开，校验功能时关闭。第二种、第三种结构的三通阀如图3－1所示。

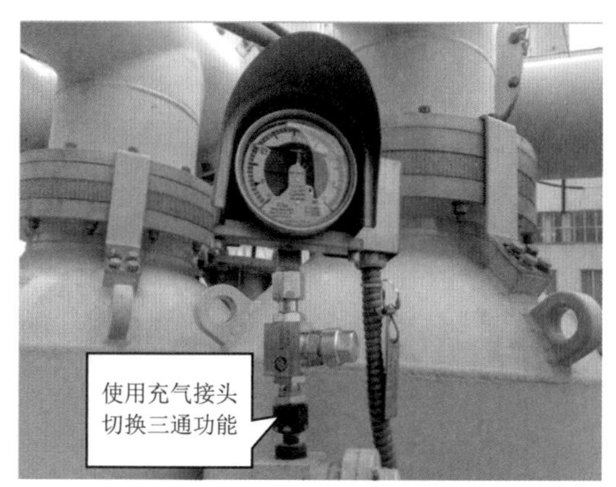

图 3－1　不同结构的三通阀

在三通阀的三种结构中，第一种需要拆卸密度继电器，反复拆卸可能造成密度继电器密封不良、气体泄漏等问题发生，为了尽量减少校验工作带来的负面影响，《国家电网有限公司十八项电网重大反事故措施（修订版）》第 12.1.1.3.1 条规定：“密度继电器与开关设备本体之间的连接方式应满足不拆卸校验密度继电器的要求”，因此新投运断路器均应采用带有三通阀的结构或采取其他可靠结构，从而具备“不拆卸校验密度继电器”功能。

3. 整改措施

在设计联络会或厂内验收时若发现设备不具备该功能，应强制制造厂执行此规定，加装三通阀或者气路开关，使断路器具备“不拆卸校验密度继电器”功能。整改前后如图 3－2 和图 3－3 所示。

图3-2 整改前：密度继电器需要拆卸校验

图3-3 整改后：更换能够实现不拆卸校验的三通阀

第61条 SF_6密度继电器与其指示的断路器本体运行环境应相同

1. 工艺差异

为了保证密度继电器动作的精确性，SF_6密度继电器与其指示的断路器本体运行环境应相同。《国家电网有限公司十八项电网重大反事故措施（修订版）》第12.1.1.3.2条规定："密度继电器应装设在与被监测气室处于同一运行环境温度的位置"，但部分断路器制造厂的SF_6密度继电器与断路器设备本体运行在不同环境下，有的断路器设备本体运行在户外，而密度继电器运行在带有加热器或空调的机构箱内，导致两者的运行温度不同。

2. 分析解释

密度继电器相对于压力继电器的优点，是能够不受不同温度的影响，准确指示SF_6密度，使不同温度下继电器的功能不变。不同型号密度继电器的工作原理不尽相同，但都基于气体压力，再通过温度补偿或基准压力对比的方法来消除温度的影响，从而直接指示气体密度，基于此原理，气体密度一般用20℃的气体压力来表示。

若密度继电器的运行温度与其指示的断路器气室温度不同，温度补偿量或基准压力值就会发生偏差，造成密度指示不准确，无法正确告警和闭锁。如表3-1中，冬季断路器本体所在环境温度为0℃，机构箱内密度继电器的温度为20℃，密度继电器告警整定值为0.64MPa（20℃），若此时发生告警并指示0.6MPa，根据温度换算，断路器本体气体密度为0.644MPa（20℃），告警为误发信；同样的，若在装有空调的机构箱内，夏季断路器本体所在环境温度为40℃，机构箱内密度继电器的温度为20℃，那么当断路器实际密度为0.6MPa（20℃）时，密度继电器指示为0.562MPa，告警拒动。

表 3-1 密度继电器无法正确告警和闭锁情况示例

运行温度差异情况	补偿情况	告警密度	发出告警时密度（换算后实际值）	后果
密度继电器 20℃ 断路器温度 0℃	过补偿	0.6MPa（20℃）	0.644MPa（20℃）	误告警
密度继电器 20℃ 断路器温度 40℃	欠补偿	0.6MPa（20℃）	0.562MPa（20℃）	拒告警

为了确保密度继电器动作精确，新投运断路器应使密度继电器所处环境温度与本体内气体温度尽可能保持一致。

3. 整改措施

在设计联络会或厂内验收时若发现断路器不满足该条件，应强制制造厂执行此规定，使密度继电器与断路器本体运行温度保持一致。整改前后如图 3-4 和图 3-5 所示。

图 3-4 整改前：密度继电器位于加热器的机构箱内，与断路器本体环境不一致

图 3-5 整改后：密度继电器运行环境与断路器本体环境一致

第 62 条 户外 SF_6 密度继电器应有满足要求的防雨罩

1. 工艺差异

户外 SF_6 密度继电器应有满足要求的防雨罩。《国家电网有限公司十八项电网重大反事故措施（修订版）》第 12.1.1.3.4 条规定："户外断路器应采取防止密度继电器二次接头受潮的防雨措施"，但部分断路器制造厂的 SF_6 密度继电器运行在户外，却没有防雨罩或者防雨罩不能将密度继电器和控制电缆接线端子一并放入。

2. 分析解释

密度继电器是断路的重要部件，它能够在气体密度降低时发出告警，或在密度继续下降后闭锁控制回路，因此密度继电器的指示和动作精确性要求非常高。若密度继电器没有防雨罩长期却运行在户外，会有以下影响：

（1）密度继电器结构较为复杂，其内部波纹管、C 形管、微动开关等均是精度要求很高的零件，因此受环境的影响也会较大，这些零件若长期受到高湿度、雨水的腐蚀，将导致他们的配合精度下降，不能正确告警和闭锁，影响密度继电器的功能。

（2）密度继电器内部气压很高，内部的管路接头和密封圈等在雨水和阳光直射下老化后，可能出现漏气情况，而密度继电器漏气只能通过更换来解决，更换需要将断路器停电，影响电力系统的可靠性，严重的漏气还可能导致断路器绝缘能力降低，导致断路器放电、爆炸，后果严重。

（3）微动开关、接线端子等组成的控制回路在水分的作用下绝缘能力降低，导致频发误告警、误闭锁，尤其在梅雨季节，这种情况较为多发。

因此，为了减少户外雨水对密度继电器的影响，需要使用防雨罩将密度继电器罩在其中，同时为了防止二次回路受潮，防雨罩需要将把密度继电器和控制电缆接线端子一并放入。

3. 整改措施

若户外运行断路器的密度继电器没有防雨罩或者防雨罩不满足要求，应加装防雨罩，并能把密度继电器和控制电缆接线端子一并放入。整改前后如图 3－6 和图 3－7 所示。

图 3－6　整改前：密度继电器无防雨罩

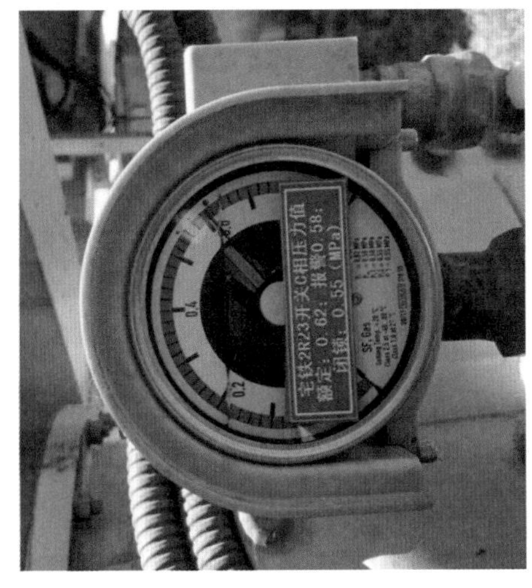

图 3－7　整改后：密度继电器加装防雨罩

第 63 条　投运前 SF_6 气体压力（密度）应调至额定位置

1. 工艺差异

投运前 SF_6 气体压力（密度）应调至额定位置，但基建工程中对断路器 SF_6 气体压力（密度）的设置往往较为随意，不严格按额定值给断路器充气，而是将压力充到比额定值略高 0.01～0.02MPa。

2. 分析解释

基建工程中，由于是对新建设备第一次充气，出于测试漏气和后期取气试验等气体消耗因素的考虑，充气往往比额定值要高一些，而大多数人认为气体压力略微偏高对运行的影响并不大，因此在投运前大多并不会将充得略高的气体压力放到额定值，但实际上气体压力充得比额定值高存在以下弊端：

(1) 压力过高会影响断路器运行。断路器气室是按照额定压力和温度来设计的，例如某断路器设计最高使用环境温度为 50℃，20℃额定压力 0.7MPa，最高运行压力 0.8MPa，若超过额定压力充气（20℃压力 0.72MPa），此时如环境温度达到 50℃，实际压力将达到 0.79MPa，接近工作最高压力 0.8MPa，不利于断路器的运行。

(2) 随意设置充气压力不利于监控气体泄漏率。通过巡视可以计算气体的年泄漏率，从而体现气室的密封水平，若气体压力设置过高，在巡视时难以第一时间发现气体下降。

因此需要在投运前将断路器气体压力调整至额定压力。

3. 整改措施

在投运前将断路器气体压力调整至额定压力。整改前后如图 3-8 和图 3-9 所示。

图 3-8 整改前：超过额定压力

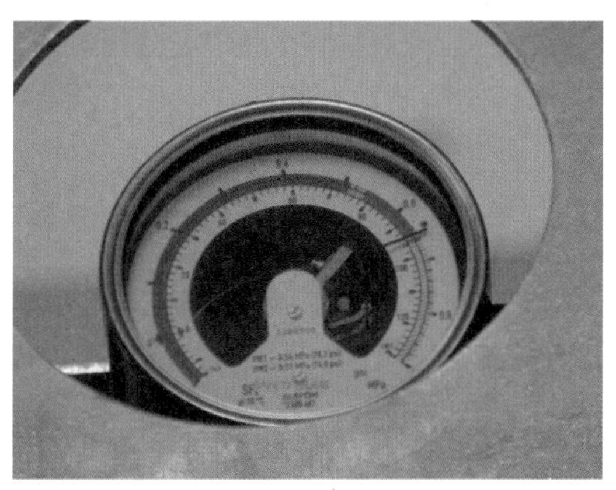

图 3-9 整改后：调整到额定压力

3.2 断路器机构

第 64 条 断路器机构高度应设置合理

1. 工艺差异

断路器机构的高度应设置合理，但某些变电站在设计建设时断路器机构箱的高度过高，运维检修人员站在地面难以打开机构箱巡视观察和检修。

2. 分析解释

断路器投运后，为了确保其运行可靠，需要定期进行巡视，巡视时需要打开断路器机构观察内部继电器、电机、液压油路、接线端子等，若机构箱位置太高，将会引发不便，增大巡视时的风险。同样，机构箱位置过高还会给检修工作带来不便，因此需要考虑机构箱位置。

3. 整改措施

调整机构箱位置使其便于检修巡视，由于基础等原因无法调整机构箱位置时，可在机构箱前设置带踏步的操作平台。整改前后如图 3－10 和图 3－11 所示。

图 3－10 整改前：机构箱位置过高，不利于巡视检修

图 3－11 整改后：设置带踏步的平台，方便巡视机构箱

第 65 条 断路器二次电缆护管结构应不易积水

1. 工艺差异

断路器的二次电缆外部若套有金属护管，电缆护管的结构应不易积水。而部分电缆护管的最低处容易积水，积水容易引发各种问题。

2. 分析解释

电缆护管的积水问题在投运后短期内并不会暴露出来，但随着运行时间的推移，电缆长期浸泡在水分中，水分又会带来细菌的滋生，若电缆外皮有细微损伤，将造成电缆外皮的腐蚀，最后造成电缆绝缘下降，引发断路器故障，严重时甚至会发生误动，引发停电事故，因此需要避免二次电缆护管的积水。如图3－12所示，水容易顺着二次电缆护管进入机构内部。

图 3－12 水容易顺着二次护管进入机构内部

3. 整改措施

在二次电缆护管最低处设置排水孔，防止积水。

第66条 合闸控制回路中应串联储能辅助开关

1. 工艺差异

断路器在合闸控制回路中应串联储能辅助开关。但部分型号的断路器在合闸控制回路中串联了储能中间继电器，而不是直接串联储能辅助开关。

2. 分析解释

断路器合闸操作需要在储能完成后再进行，为了实现这一功能，需要在合闸控制回路中串联已储能接点，一般直接串联储能辅助开关（微动开关），但也有的断路器采用串联储能中间继电器的形式。但在实际运行中，中间继电器的故障率较高，多次烧毁线圈，引发控制回路断线等缺陷，造成断路器拒动。为了提高断路器的运行可靠性，应考虑更改设计，取消储能中间继电器。

某开关A相储能电机控制回路如图3-13所示。S16LA为A相储能行程接点，当开关合闸弹簧储能电机正常后其常闭接点断开；K67为合闸弹簧储能时间继电器，整定值为30s，若回路接通开关储能电机工作30s后开关储能仍不正常，则K67励磁，其常闭接点断开开关储能电机主回路，同时向监控系统发“开关储能电机运行超时”故障报警；K9LA为A相储能继电器。

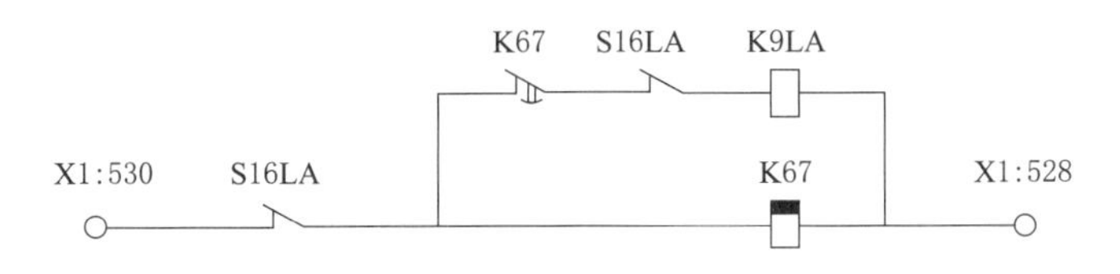

图3-13 某开关储能回路，当储能超时后，储能继电器就会失电

由于该厂线路开关的合闸弹簧储能电机控制回路采用的是直流电源，因此该电源投入后，只要开关未储能正常（即S16LA接通），合闸弹簧储能时间继电器K67即开始计时，达30s后不管开关储能是否正常，K67均励磁，其常闭接点断开合闸弹簧储能控制回路。该控制回路虽然在开关储能过程中实现了闭锁，但是在储能电机烧毁、储能电机运转超时等造成的开关合闸弹簧储能异常情况下，开关合闸回路并没有相关闭锁合闸的回路或接点，此时下达合闸令后合闸回路是接通的，但合闸弹簧储能不正常，合闸不成功，合闸线圈一直长时间通电，极易造成合闸线圈烧毁。

出现该问题的原因是储能继电器只能反应储能电机是否在动作，但电机不动作时并不代表机构已经储能到位，一些特殊情况例如储能超时、储能电机烧坏、储能弹簧卡涩等都将引起储能继电器失电，导致合闸控制回路接通。

因此需要直接在控制回路中串联储能行程开关或辅助开关，行程开关或辅助开关在开关储能完毕后才动作，能够直接反映机构的储能位置，只要行程开关或辅助开关动作，那么机构的一定处于储能完成状态，此时合闸回路接通，开关可以顺利合闸。

3. 整改措施

在设计阶段取消储能中间继电器，在合闸控制回路中直接串联储能辅助开关（微动开关）。整改前后如图 3－14 和图 3－15 所示。

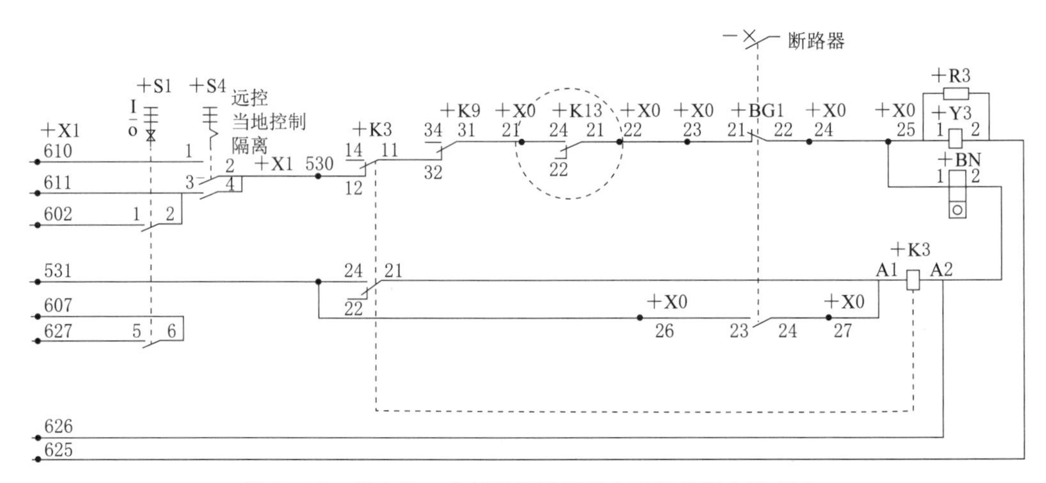

图 3－14　整改前：在储能回路汇总串联储能继电器 K13

S1—就地分合把手；S4—远方/就地切换开关；K3—防跳继电器；K9—SF_6 密度中间继电器；K13—储能继电器；BG1—辅助开关；Y3—合闸线圈

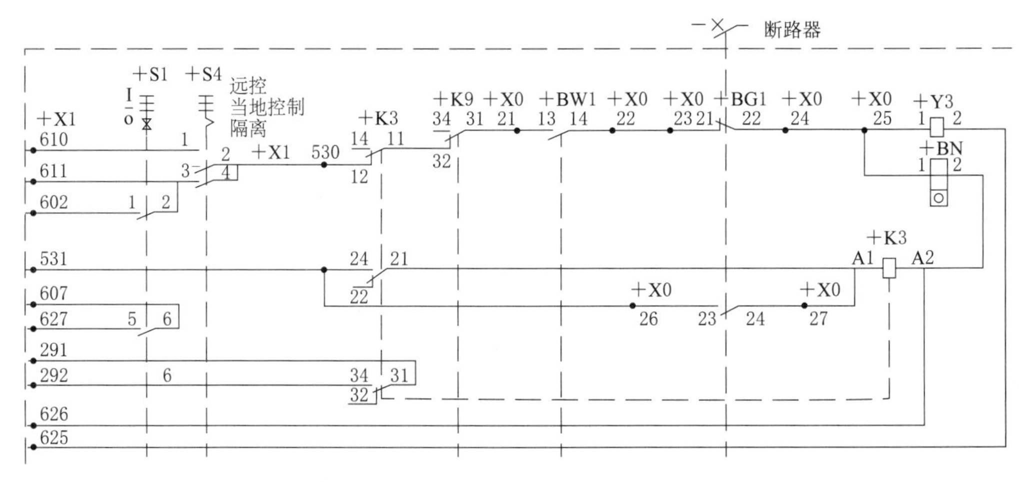

图 3－15　整改后：直接在合闸回路中串联储能行程开关 BW1

S1—就地分合把手；S4—远方/就地切换开关；K3—防跳继电器；K9—SF_6 中间继电器；BW1—储能行程开关；BG1—辅助开关；Y3—合闸线圈

第 67 条　断路器二次电缆屏蔽层接地应符合规范

1. 工艺差异

断路器二次电缆接地应符合规范，《国家电网有限公司十八项电网重大反事故措施（修订版）》第 15.6.2.8 条规定：“由一次设备（如变压器、断路器、隔离开关和电流、电压互感器等）直接引出的二次电缆的屏蔽层应使用截面不小于 $4mm^2$ 多股铜质软导线仅在就地端子箱处一点接地，在一次设备的接线盒（箱）处不接地，二次电缆经金属管从一次设备的接线盒（箱）引至电缆沟，并将金属管的上端与一次设备的底座或金属外壳良好焊接，金属管另一端应在距一次设备3～5m之外与主接地网焊接”。部分基建工程中接地不符合规范，出现在机构箱内接地、接地线过细等问题。

2. 分析解释

二次电缆的屏蔽层主要有以下作用：

（1）电缆线芯对屏蔽和金属护套的电容电流有一回路流入大地。

（2）当电缆对金属护套或屏蔽发生短路时，短路电流可流入地下。

（3）电缆线芯绝缘损伤后发生相间短路发展至接地故障时，故障电流通过接地线流入地中。

（4）电缆中的不平衡电流引起的感应电压通过地线与大地形成短路，防止电缆对接地支架存在电位差而放电闪络。

通过这几个作用，二次电缆屏蔽层接地能够防止人身受到电击，确保电力系统正常运行，保护线路和设备免遭损坏，还可防止电气火灾、防止雷击和静电危害等。

图3-16 整改前：电缆在机构箱内接地

3. 整改措施

由断路器直接引出的二次电缆的屏蔽层应使用截面不小于$4mm^2$的多股铜质软导线仅在就地端子箱处一点接地，在一次设备的接线盒（箱）处不接地，二次电缆经金属管从一次设备的接线盒（箱）引至电缆沟，并将金属管的上端与一次设备的底座或金属外壳良好焊接，金属管另一端应在距一次设备3～5m之外与主接地网焊接。整改前后如图3-16和图3-17所示。

（a）电缆在机构箱内不接地

（b）端子箱内电缆接地

图3-17 整改后：二次电缆在机构箱内不接地，在端子箱内接地

3.3 断路器试验

第 68 条　施工单位应提供断路器中绝缘件的局部放电试验报告

1. 工艺差异

施工单位应提供断路器中绝缘件的局部放电试验报告。《国家电网有限公司十八项电网重大反事故措施（修订版）》第 12.1.1.1 条规定：“断路器本体内部的绝缘件必须经过局部放电试验方可装配，要求在试验电压下单个绝缘件的局部放电量不大于 3pC”，但部分断路器出厂时未能提供绝缘操作杆、支撑绝缘子等单个绝缘件的局部放电试验报告。

2. 分析解释

部分制造标准中对断路器单个绝缘件的局部放电试验并无要求，但开关制造厂生产也可能由制造厂外部购入，为了保证断路器的运行可靠性，断路器本体内部的绝缘件必须经过局部放电试验方可装配。图3 -18 为局部放电测试仪。

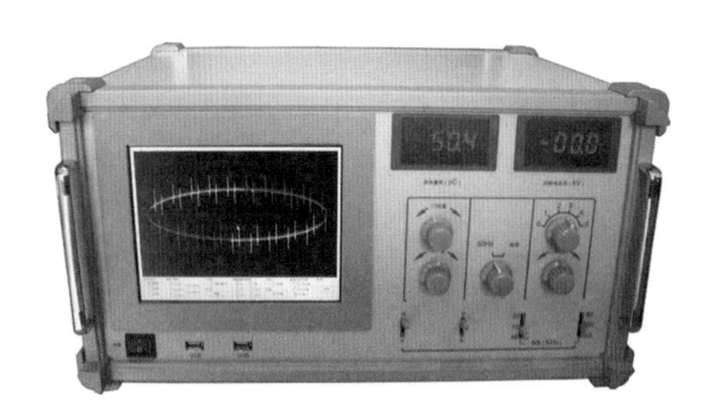

图 3 - 18　局部放电测试仪

3. 整改措施

向制造厂提出要求，SF_6 断路器设备内部的绝缘操作杆、支撑绝缘子等部件必须经过局部放电试验方可装配，要求在试验电压下单个绝缘件的局部放电量不大于 3pC，并提供试验报告，如图 3 - 19 所示。

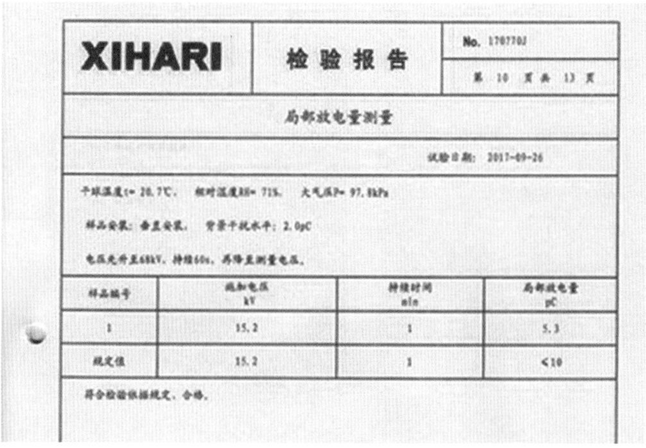

XIHARI　检验报告　No. 170770J　第 10 页 共 13 页

局部放电量测量

试验日期：2017-09-26

干球温度t= 20.7℃，　相对湿度RH= 71%，　大气压P= 97.8kPa

样品安装：垂直安装，　背景干扰水平：2.0pC

电压先升至68kV，持续60s，再降至测量电压。

样品编号	施加电压 kV	持续时间 min	局部放电量 pC
1	15.2	1	5.3
规定值	15.2	1	<10

符合检验依据规定，合格。

图 3 - 19　局部放电试验报告

第 69 条 施工单位应对新充入 SF_6 气体进行纯度检测

1. 工艺差异

施工单位应对新充入 SF_6 气体进行纯度检测。《国家电网有限公司十八项电网重大反事故措施（修订版）》第 12.1.2.4 条规定：“SF_6 气体注入设备后应对设备内气体进行 SF_6 纯度检测。对于使用 SF_6 混合气体的设备，应测量混合气体的比例”，但部分施工单位未进行。

2. 分析解释

湿度和纯度是 SF_6 气体的重要参数，其直接决定了 SF_6 气体的绝缘和灭弧能力，气体在充气过程中有多个可能受潮和混入其他气体的环节，因此对新充入 SF_6 气体的气体纯度检测十分重要，某些施工单位仅仅进行湿度检测而不进行纯度检测是不符合规定的。图 3－20 所示为 SF_6 气体纯度测试仪。

3. 整改措施

向施工单位提出要求，SF_6 气体注入设备后必须进行湿度试验，且应对设备内气体进行 SF_6 纯度检测，必要时进行气体成分分析，并提供湿度和纯度的检测报告，如图 3－21 和图 3－22 所示。

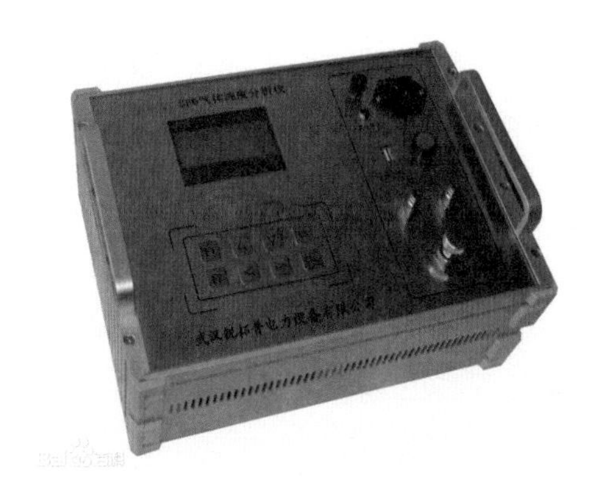

图 3－20 SF_6 气体纯度测试仪

图 3－21 进行水分分析

SF_6 分析报告

项目	指标	检验结果
六氟化硫（SF_6） %（m/m） ≥	≥99.995	≥99.999
空气（Air） %（m/m） ≤	0.003	0.0004
四氟化碳（CF_4） %（m/m） ≤	0.001	0.0002
水分（H_2O） ppm（m/m） ≤	2.0	1.0
酸度（以HF计） ppm（m/m） ≤	0.1	0.1
可水解氟化物（以HF计） pp（m/m） ≤	0.2	0.2
矿物油 pp（m/m） ≤	2.0	1.0
生物实验	无毒	无毒

检验专用章

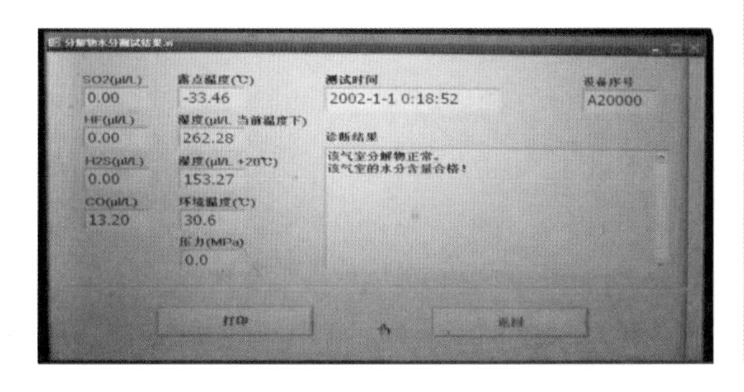

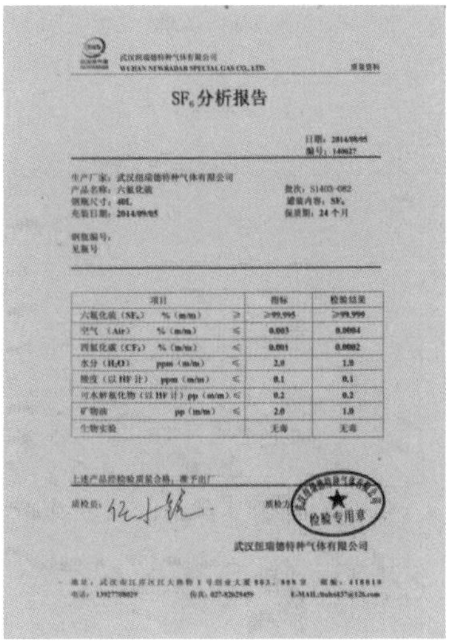

图 3－22 提供湿度和纯度的检测报告

第70条 施工单位应提供完整的断路器试验报告

1. 工艺差异

施工单位应提供完整的断路器试验报告。部分施工单位虽然已经完成试验，但提供的试验报告不完整，不完整的试验报告主要体现在以下方面：

（1）制造厂未提供机械操作试验报告。

（2）新断路器安装过程中已对其二次回路中的防跳继电器、非全相继电器进行传动，但是在档案中无法找到相应的证明材料。

（3）SF_6气体已经过SF_6气体质量监督管理中心抽检合格，但是部分设备在档案中无法找到相应的证明材料。

2. 分析解释

《国家电网有限公司十八项电网重大反事故措施（修订版）》及断路器行业标准中对以上几个实验报告的提供都有相应规定，制造厂及施工单位需要参照执行。

3. 整改措施

（1）制造厂提供机械操作试验报告。

（2）施工单位提供新断路器防跳继电器、非全相继电器进行传动实验报告。

（3）施工单位提供SF_6气体质量监督管理中心抽检报告，若单台间隔有困难，请制造厂提供合格证明书。

第4章
组 合 电 器

组合电器，也称封闭式组合电器，是由断路器、母线、隔离开关、电压互感器、电流互感器、避雷器等高压电器组合并全部封装在接地的金属壳体内，且壳内充以一定压力的 SF_6 气体作为相间及对地绝缘的一种金属封闭式开关设备。与常规的敞开式高压电器设备相比，组合电器具有结构紧凑、占地面积小、可靠性和安全性高、环境适应能力强、检修周期长等优点。

由于组合电器广泛使用的时间并不长，制造和安装技术一直在更新，因此组合电器在生产和基建中有较多工艺差异。差异主要集中在结构设计、选材、试验等方面。

4.1 组合电器本体

第 71 条　出线侧（线路、主变间隔）应装设具有自检功能的带电显示装置

1. 工艺差异

成套 SF_6 组合电器防误装置应齐全、性能良好，出线侧应装设具有自检功能的带电显示装置。《国家电网有限公司十八项电网重大反事故措施（修订版）》第 4.2.10 条规定：“成套 SF_6 组合电器、成套高压开关柜防误功能应齐全、性能良好；新投设备应装设具有自检功能的带电显示装置，并与接地开关及柜门实现强制闭锁”，但部分制造厂并未装设具有自检功能的带电显示装置。

2. 分析解释

高压电气设备应安装完善的防误闭锁装置，装置性能、质量等应符合防误装置技术标准规定。为了实现防止误分合断路器、防止带负荷分合隔离开关、防止带电挂（合）接地线（接地开关）、防止带地线送电、防止误入带电间隔等多项防误操作功能，成套 SF_6 组合电器、成套高压开关柜防误功能应齐全、性能良好；新投设备应装设具有自检功能的带电显示装置（图 4-1），并与接地开关及柜门实现强制闭锁；配电装置有倒送电源时，间隔网门应装有带电显示装置的强制闭锁。

3. 整改措施

在设计联络会或工厂验收时发现组合电器不满足该项条款时，应强制制造厂执行此规定，保证设备具备完善的防误闭锁装置。

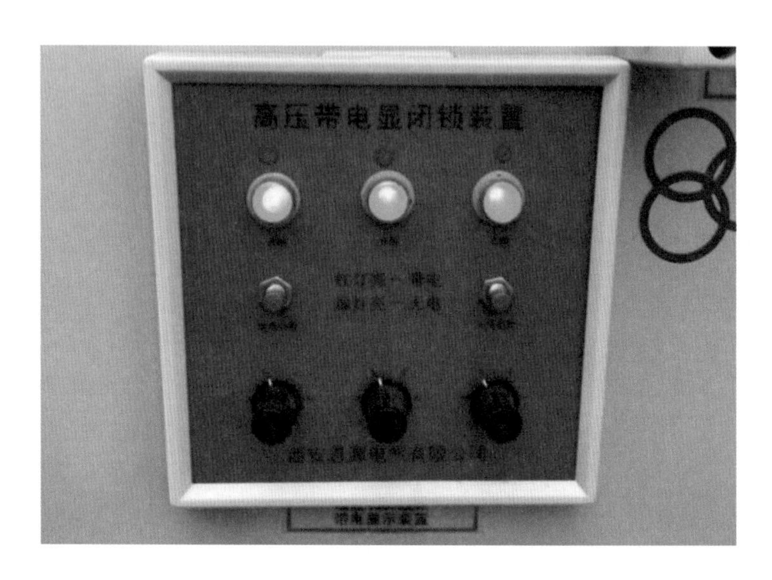

图 4－1　线路侧加装带电显示装置

第 72 条　分相设置的组合电器设备，每相应设置独立的密度继电器

1. 工艺差异

分相设置的组合电器设备，不应共用密度继电器，每相应设置独立的密度继电器。《国家电网有限公司十八项电网重大反事故措施（修订版）》第 12.2.1.2.3 条规定：“三相分箱的 GIS 母线及断路器气室，禁止采用管路连接。独立气室应安装单独的密度继电器，密度继电器表计应朝向巡视通道”。部分制造厂的三相气室共用密度继电器。

2. 分析解释

组合电器在内部放电或开断故障电流时，SF_6 气体会产生多种分解产物，三相共用密度继电器相当于把三相连通，对采用三相连通共用一只密度继电器的方式，在发生单相故障时，故障气体会通过连接管路进入其他两相，导致其他两相也必须进行试验或检修，大大增加了现场气体处理的工作量。同时，在发生气体泄漏时，三相共用密度继电器也不易判断泄漏点位置。因此，分相设置的组合电器设备，每相应设置独立的密度继电器。

3. 整改措施

在设计联络会向厂家提出要求，分相设置的组合电器设备，每相应设置独立的密度继电器，如图 4－2 所示。

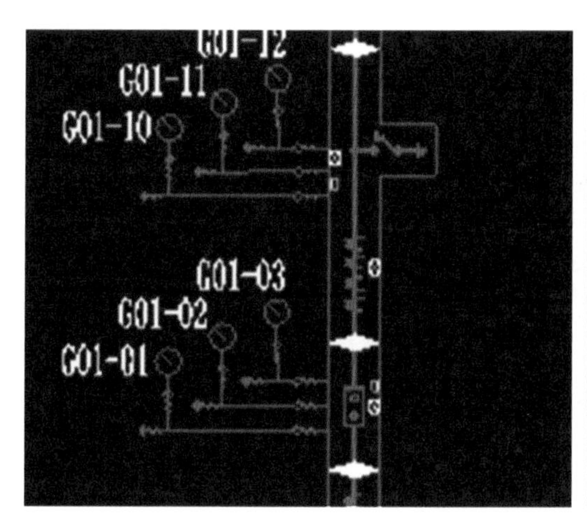

图 4-2 三相气室每相设置独立的密度继电器

第 73 条 密度继电器应装设在与组合电器气室处于同一运行环境温度的位置

1. 工艺差异

密度继电器应装设在与组合电器气室处于同一运行环境温度的位置。《国家电网有限公司十八项电网重大反事故措施（修订版）》第 12.1.1.3.2 条规定："密度继电器应装设在与被监测气室处于同一运行环境温度的位置"，但部分制造厂将密度继电器安装在带有加热器的汇控柜或机构箱内，导致密度继电器与被监测气室处于不同环境温度下运行。

2. 分析解释

密度继电器是组合电器不可缺少的重要附件，其基本作用是对运行中的组合电器的 SF_6 气体密封状况、是否存在漏气现象进行监视，它能够在气体密度降低时发出告警，或在密度继续下降后闭锁控制回路，因此密度继电器的指示和动作精确性要求非常高。若密度继电器与被监测气室处于不同运行环境温度下，会有以下影响：

（1）密度继电器的气体密封状况监视功能得不到保障。通常在密闭情况下，SF_6 气体的压力随温度变化而变化，而密度继电器的温度补偿功能保证其始终显示气温为 20℃ 时的刻度值，确保巡视时及时发现并确认组合电器气室发生漏气或气密性出现变化的情况。若密度继电器与组合电器气室处于不同运行环境温度，温度补偿功能将失去意义，无法保证准确监视组合电器气体密封状况。

（2）密度继电器的控制和保护功能得不到保障。密度继电器除了监视组合电器气体密封状况外，还能在气体密度发生变化时发出告警信号。若密度继电器与组合电器气室处于不同运行环境温度，密度继电器会发生温度过补偿或欠补偿情况，造成密度继电器指示不准确，无法正确告警和闭锁，容易发生误动、拒动的情况。

《国家电网有限公司十八项电网重大反事故措施（修订版）》第 12.1.1.3.2 条规定："密度继电器应装设在与被监测气室处于同一运行环境温度的位置。对于严寒地区的设

图 4-3 密度继电器与本体同环境

备，其密度继电器应满足环境温度在 −40～−25℃时准确度不低于 2.5 级的要求”，密度继电器与组合电器气室装设在不同运行环境温度的位置不符合规定。

3. 整改措施

在设计联络会或工厂验收时发现组合电器不满足该项条款时，应强制制造厂执行此规定，保证密度继电器装设在与组合电器气室处于同一运行环境温度的位置，如图 4-3 所示。

第 74 条 组合电器的密度继电器应满足不拆卸校验的要求

1. 工艺差异

组合电器的密度继电器与设备本体之间的连接方式应满足不拆卸校验密度继电器的要求，“不拆卸校验密度继电器”的含义，即为不需要将密度继电器从组合电器上拆除，便可校验密度继电器的指示和动作功能。《国家电网有限公司十八项电网重大反事故措施（修订版）》第 12.1.1.3.1 条规定：“密度继电器与开关设备本体之间的连接方式应满足不拆卸校验密度继电器的要求”。但部分组合电器制造厂的 SF_6 密度继电器与组合电器设备本体之间直接相连，或采用其他连接方式但不满足不拆卸校验密度继电器的要求。

2. 分析解释

在组合电器中，SF_6 气体是组合电器的灭弧和绝缘介质，气体密度不会随温度变化，是保证组合电器能够正常工作的重要参数，若气体密度因故降低，将会导致组合电器绝缘、灭弧性能下降，无法熄灭电弧，严重时甚至发生爆炸，因此实时监控组合电器 SF_6 气体密度十分重要。监控 SF_6 气体密度依靠密度继电器，它能够直接反映组合电器本体内部 SF_6 气体的密度，并通过接入信号和控制回路，在气体密度降低时发出告警，或闭锁控制回路，因此密度继电器的指示和动作精确性要求非常高，密度继电器功能校验必须作为一项常规工作来开展。

密度继电器的功能校验需要校验密度继电器在指定低密度下的动作情况，但因为密度继电器工作时与本体相连，若仅为了校验密度继电器功能而将组合电器本体整个气体系统的气体密度降低，成本过大，因此必须有能够仅校验密度继电器而不影响组合电器本体气体密度的手段。

3. 整改措施

在设计联络会或厂内验收时若发现设备不具备该功能，应强制制造厂执行此规定加装三通阀或者气路开关，使组合电器具备“不拆卸校验密度继电器”功能。

第75条　投运前组合电器的气体压力（密度）应调至额定位置

1. 工艺差异

投运前组合电器气体压力（密度）应调至额定位置。但基建工程中对组合电器气体压力（密度）的设置往往较为随意，不严格按额定值给组合电器充气，而是会将压力充到比额定值略高0.01～0.02MPa。

2. 分析解释

基建工程中，由于是对新建设备第一次充气，出于测试漏气和后期取气试验等气体消耗因素的考虑，充气往往比额定值要高一些，而大多数人认为气体压力略微偏高对运行的影响并不大，因此在投运前大多并不会将充得略高的气体压力放到额定值，但实际上气体压力充得比额定值高存在以下弊端：

（1）压力过高会影响组合电器运行。组合电器气室是按照额定压力和温度来设计的，例如某组合电器设计最高使用环境温度为50℃，20℃额定压力0.7MPa，最高运行压力0.8MPa，若超过额定压力充气（20℃压力0.72MPa），此时如环境温度达到50℃，实际压力将达到0.79MPa，接近工作最高压力0.8MPa，不利于组合电器的运行。

（2）随意设置充气压力不利于监控气体泄漏率。通过巡视可以计算气体的年泄漏率，从而体现气室的密封水平，若气体压力设置过高，在巡视时难以第一时间发现气体下降。

因此需要在投运前将组合电器气体压力调整至额定压力。

3. 整改措施

在投运前将组合电器气体压力调整至额定压力，整改前后如图4-4和图4-5所示。

图4-4　整改前：超过额定压力

图4-5　整改后：调整到额定压力

第76条　组合电器单气室长度设计应合理

1. 工艺差异

252kV及以下设备单个气室长度应不超过15m。《国家电网有限公司十八项电网重大反事故措施（修订版）》第 12.2.1.2.1 条规定："GIS 最大气室的气体处理时间不超过 8h。252kV 及以下设备单个气室长度不超过 15m，且单个主母线气室对应间隔不超过 3 个"。部分基建工程在设计时未充分考虑气室长度问题，气室长度超过 15m。

2. 分析解释

组合电器投入市场的时间并不长，处于不断完善的过程中，由于组合电器数量不断增加，其检修的重要性也得到了充分体现。组合电器气室的划分需要考虑后期检修，综合考虑故障后维修，处理气体的便捷性以及故障气体的扩散范围，将设备结构参量及气体总处理时间共同作为划分气室的重要因数，提高检修效率。

在以往的检修中，就发生过因为气室设计不合理导致的检修困难，气室太大导致气体回收、抽真空、充气速度慢，大大增加检修必要的停电时间，影响电网的运行可靠性。并且由于气室太大，增加了检漏的难度，漏气点难以判断。

因此《国家电网有限公司十八项电网重大反事故措施（修订版）》第 12.2.1.2 条规定："GIS 气室应划分合理，并满足以下要求：

12.2.1.2.1 GIS 最大气室的气体处理时间不超过 8h。252kV 及以下设备单个气室长度不超过 15m，且单个主母线气室对应间隔不超过 3 个。

12.2.1.2.2 双母线结构的 GIS，同一间隔的不同母线隔离开关应各自设置独立隔室。252kV 及以上 GIS 母线隔离开关禁止采用与母线共隔室的设计结构。

12.2.1.2.3 三相分箱的 GIS 母线及断路器气室，禁止采用管路连接。独立气室应安装单独的密度继电器，密度继电器表计应朝向巡视通道。"

3. 整改措施

在设计联络会中提出，出厂验收时检查，确保组合电器单气室长度不超过 15m，整改前后如图 4-6 和图 4-7 所示。

图 4-6 整改前：单母线气室太长，超过 15m

图 4-7 整改后：增加隔盆，将母线分隔为若干个气室

第 77 条 压力释放装置喷口设置应合理

1. 工艺差异

压力释放装置（防爆膜）喷口应有明显的标志，不应朝向巡视通道，同时喷口处还

应避免在运行中积水、结冰、误碰。《国家电网有限公司十八项电网重大反事故措施（修订版）》第12.2.1.16条规定：“装配前应检查并确认防爆膜是否受外力损伤，装配时应保证防爆膜泄压方向正确、定位准确，防爆膜泄压挡板的结构和方向应避免在运行中积水、结冰、误碰。防爆膜喷口不应朝向巡视通道”。部分制造厂的压力释放装置喷口无标志，喷口朝向巡视通道或朝上导致容易积水。

2. 分析解释

组合电器的压力释放装置起到保护作用。当设备内部发生故障时，内部电弧使SF_6气体迅速分解，罐体内部的压力急剧增加，此时若无压力释放装置，罐体可能发生爆炸。压力释放装置开启，可以保护罐体不受损坏。

压力释放装置的泄压喷口实质上是整个罐体的薄弱环节，在压力增高时将压力定向释放，因此压力释放装置的喷口不能朝向可能有人经过的巡视通道，并应有鲜明的标志指示人员不可在其旁边长时间逗留，如图4-8压力释放阀喷口应朝下安装。同时防爆膜喷口处较为薄弱需要保护，避免积水结冰。

图4-8 压力释放阀喷口应朝下安装

3. 整改措施

在设计联络会中向制造厂提出要求，压力释放装置（防爆膜）喷口应有明显的标志，不应朝向巡视通道，同时喷口处还应避免在运行中积水、结冰、误碰。

第78条 组合电器的吸附剂罩结构设计应合理

1. 工艺差异

吸附剂罩结构应设计合理，避免吸附剂颗粒脱落，材质应选用不锈钢或其他高强度材料。《国家电网有限公司十八项电网重大反事故措施（修订版）》第12.2.1.8条规定：“吸附剂罩的材质应选用不锈钢或其他高强度材料，结构应设计合理。吸附剂应选用不易粉化的材料并装于专用袋中，绑扎牢固”。部分制造厂的吸附剂罩设计不合理，容易脱落。

2. 分析解释

断路器中吸附剂脱落会导致断路器内部放电。若断路器吸附剂罩设计不合理，只起到挡板作用，不能有效将吸附剂包装袋完全防护在内，吸附剂颗粒脱落掉入罐体内部，引起电场畸变，进而发展成短路故障，依据运行经验，对吸附剂罩材质及安装方式提出要求，避免吸附剂掉落罐体引起放电故障。

3. 整改措施

要求制造厂合理选用吸附剂罩的材质，应选用不锈钢或其他高强度材料，结构应设计合理，吸附剂应选用不易粉化的材料并装于专用袋中，并绑扎牢固，整改前后如图4－9和图4－10所示。

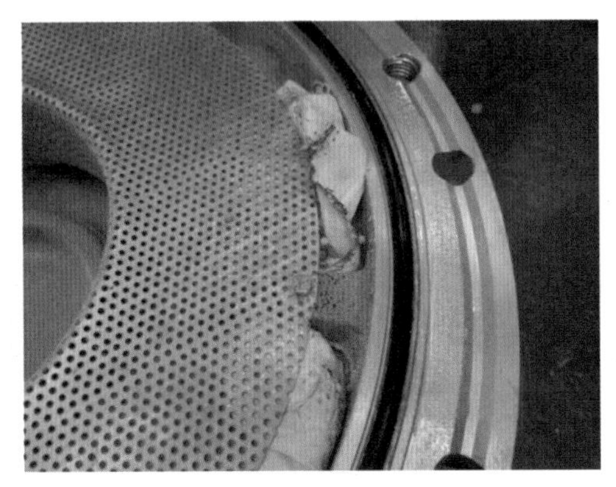

图4－9　整改前：吸附剂罩安装不当，吸附剂颗粒容易掉入罐体

图4－10　整改后：吸附剂罩安装可靠

第79条　组合电器本体接地应符合要求

1. 工艺差异

组合电器本体应多点接地，接地排要求直接连接到地网，压变、避雷器、快速接地开关要求采用专用接地线直接连接到地网，不得通过气室外壳接地，外壳法兰片要求设置跨接线，并保证良好通路，电压互感器“N”端接地应单独引出与主网接地，线径不小于 $10mm^2$。

部分工程中，组合电器本体单点接地，接地排未直接连接到地网，压变、避雷器、快速接地开关未采用专用接地线直接连接到地网，外壳法兰片未设置跨接线，电压互感器“N”端接地未单独引出与主网接地。

2. 分析解释

组合电器接地是指针对组合电器配电装置的主回路、辅助回路、设备构架以及所有的金属部分进行接地。组合电器配电装置接地点较多，一般设置接地母线，将组合电器的接地线与接地母线连接，接地母线与接地网多点连接。接地母线一般采用铜排，截面应满足动、热稳定的要求。

外壳的可靠接地是变电站工作人员人身安全及电力系统正常运行的重要保障，非全连式外壳一点接地，外壳受相邻磁场作用产生的涡流，只能屏蔽部分相邻磁场，电磁感应的作用在外壳上产生较高的感应电压，钢构架产生涡流损耗使钢构架发热，并且会对控制系统产生较大的电磁耦合干扰；全连式外壳多点接地使三相外壳在电气上形成一闭合回路，当导体通过电流时，在外壳上感应出与导体电流大小相当、方向相反的环流，可使外部磁场几乎为零。因而，组合电器的外壳接地广泛采用全连式外壳多点接地。

3. 整改措施

组合电器本体应多点接地，接地排要求直接连接到地网，压变、避雷器、快速接地开关要求采用专用接地线直接连接到地网，不得通过气室外壳接地，外壳法兰片要求设置跨接线，并保证良好通路，电压互感器“N”端接地应单独引出与主网接地，线径不小于 $10mm^2$。

第 80 条　组合电器的盆式绝缘子应用颜色区分

1. 工艺差异

组合电器中的盆式绝缘子有全密封式（隔盆）和孔洞式（通盆）两种，应用颜色区分隔盆或通盆，一般隔盆用红色，通盆用绿色。部分制造厂在出厂时未标明通盆或隔盆。

2. 分析解释

隔盆除了用于气室间的绝缘、支撑母线和各种元器件外，还用于用于隔离气室间气体，其与通盆的区别主要是在绝缘子表面有没有设置通气的孔洞。绝缘子通盆与隔盆的结构如图 4－11 和图 4－12 所示。

图 4－11　通盆结构

图 4－12　隔盆结构

通盆和隔盆功能不同，在检修中必须予以区分，防止误开运行气室。用醒目的红色和绿色可以区分通盆和隔盆，防止误操作。

3. 整改措施

要求制造厂的盆式绝缘子用颜色区分隔盆或通盆，隔盆用红色，通盆用绿色，整改前后如图4-13和图4-14所示。

图4-13 整改前：盆式绝缘子未标明通盆或隔盆

图4-14 整改后：盆式绝缘子用红色和绿色标明隔盆或通盆

第81条 同一间隔内多台隔离开关电机电源应设置独立开断设备

1. 工艺差异

同一间隔内多台隔离开关电机电源应设置独立开断设备，例如，同一个间隔的母线隔离开关、线路隔离开关、线路接地开关、开关母线侧接地开关等的电机电源空气开关应该分开设置。部分制造厂同个间隔内的隔离开关共用一个电源空气开关。

2. 分析解释

同一间隔内多台隔离开关电机电源设置独立开断设备是出于以下考虑：

(1) 减小故障影响。一台隔离开关故障短路后跳开空气开关，同间隔内的其他隔离开关应不受影响，能够操作，若共用一个空开，一台隔离开关断路后整个间隔内的其他隔离开关也不能操作，扩大了故障的影响。

(2) 检修中防误操作。停电检修中，同间隔的所有隔离开关不同时停役，而组合电器的接线方式不直观，在检修停电隔离开关时容易误操作运行隔离开关，如果将电机电源分开设置，在检修中就可以将运行隔离开关的电机电源断开，降低了误操作的可能性。

出于以上两者的考虑，同一间隔内多台隔离开关电机电源分别设置独立开断设备，采用点对点供电。

3. 整改措施

在设计联络会中向制造厂提出要求，确保同一间隔内多台隔离开关电机电源设置独立开断设备，整改前后如图4-15和图4-16所示。

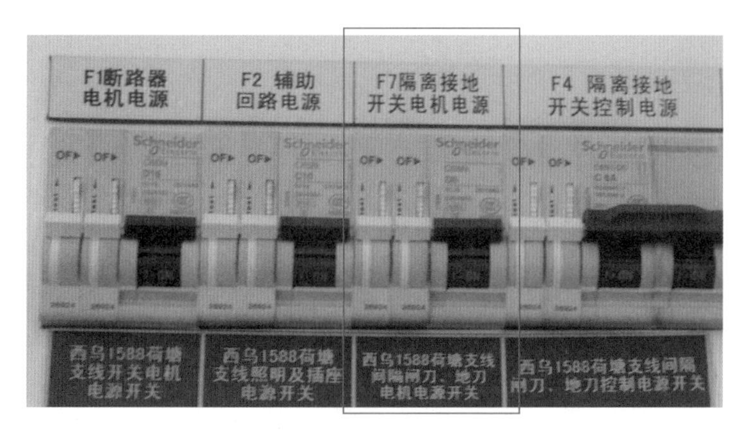

图 4-15 整改前：所有隔离开关的电机共用一个空气开关

图 4-16 整改后：每个隔离开关设置独立空气开关

第 82 条 盆式绝缘子应尽量避免水平布置

1. 工艺差异

组合电器的盆式绝缘子应尽量避免水平布置。部分组合电器中的盆式绝缘子大量采用水平布置的方式。

2. 分析解释

组合电器在运行中可能产生悬浮颗粒物、金属屑等，若盆式绝缘子水平布置，这些金属屑将会沉积在盆式绝缘子表面，从而引起放电。如图 4-17 所示，盆式绝缘子出现沿面爬电。

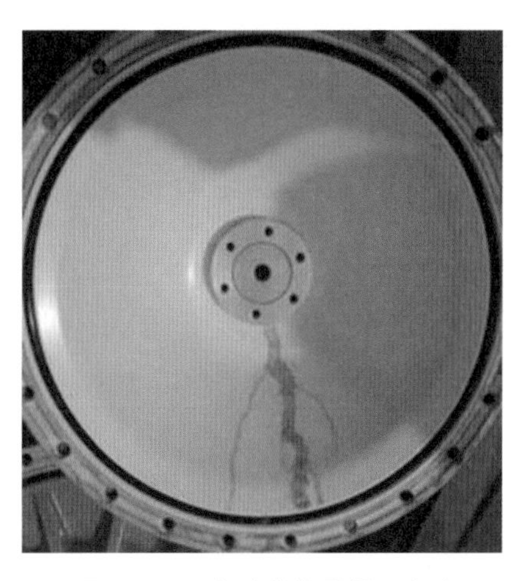

图 4-17 盆式绝缘子沿面爬电

因此应尽量避免盆式绝缘子水平布置，尤其是避免容易沉积颗粒物凹面朝上，重点是断路器、隔离/接地开关等具有插接式运动磨损部件的气室下部，避免触头动作产生的金属屑造成运行中的组合电器设备放电。

3. 整改措施

在设计联络会中向制造厂提出要求，盆式绝缘子尽量避免水平布置，整改前后如图 4－18 和图 4－19 所示。

图 4－18 整改前：大量绝缘子采用水平布置

图 4－19 整改后：除了必须以外，其他绝缘子均采用垂直布置

第 83 条 组合电器的盆式绝缘子应预留特高频局部放电检测窗口

1. 工艺差异

组合电器的盆式绝缘子应预留窗口，窗口应避开二次电缆及金属线槽，便于特高频局部放电检测。《国家电网有限公司十八项电网重大反事故措施（修订版）》第 12.2.1.5 条规定："新投运 GIS 采用带金属法兰的盆式绝缘子时，应预留窗口用于特高频局部放电检测"。部分设备未预留特高频局部放电检测窗口，或虽然预留了窗口但是窗口被二次电缆及金属线槽挡住，不利于特高频局部放电检测。

2. 分析解释

组合电器故障少，但一旦发生故障后果非常严重，其检修时间长且繁杂，稍有不慎容易导致检修质量问题。因此，对组合电器设备状态进行监测及检修具有相当重要和迫切的需求。

局部放电特高频检测技术是一种检测并诊断组合电器状态的重要手段，可以发现组合电器内部的多种绝缘缺陷，具有检测灵敏高和抗干扰能力强等特点，非常适用在变电站和发电厂现场条件下对组合电器进行监测。特高频技术通过检测局部放电辐射电磁波信号来实现对设备局部放电的检测，抗干扰能力强，检测灵敏度高，因此在输变电设备局部放电在线检测领域取得了广泛应用。

目前大多数绝缘组合电器设备上未安装内置式特高频传感器，只能采用外置式传感器进行检测，但是由于组合电器绝缘子外表面被金属法兰包裹，导致普通外置式特高频传感器很难检测到其内部的局部放电信号，为了解决这一问题，一般利用金属法兰在制造时遗留的孔洞，在孔洞处使用外置式特高频传感器来进行检测。

这样一来检测口就成为了整个盆式绝缘子上的薄弱环节，所以为了防止检测口漏水漏气，一般在检测口上增加一块盖板并用防水胶进行封堵，需要检测时再打开，如图4－20和图4－21所示。

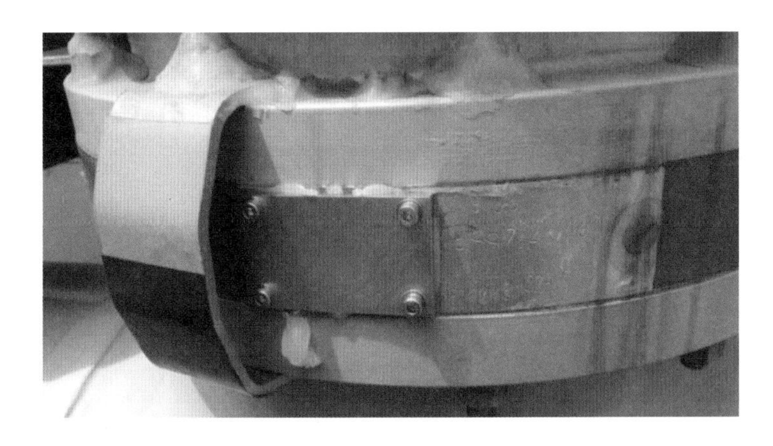

图4－20 盆式绝缘子上预留的特高频局部放电监测窗口上增加盖板

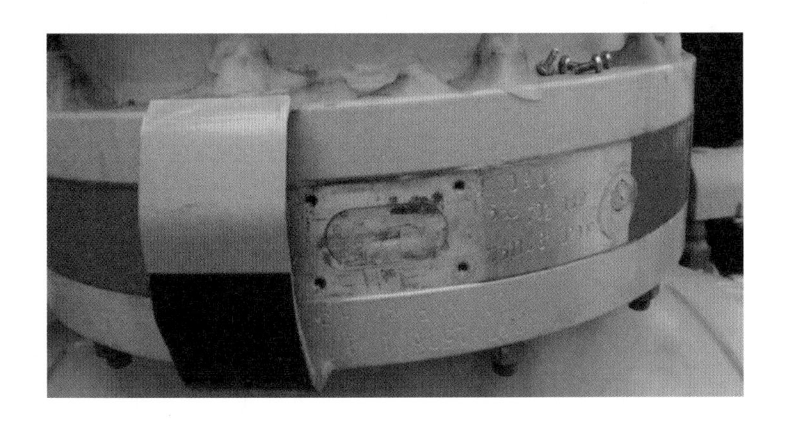

图4－21 盆式绝缘子上预留的特高频局部放电监测窗口

3. 整改措施

要求制造厂在制造盆式绝缘子时预留特高频局部放电检测窗口，窗口应避开二次电缆及金属线槽。

第 84 条　220kV 及以上电压等级组合电器应加装内置局部放电传感器

1. 工艺差异

220kV 及以上电压等级组合电器应加装内置局部放电传感器。Q/GDW 11651.3—2016《变电站设备验收规范 第 3 部分：组合电器》表 A1 规定："220kV 及以上电压等级组合电器应加装内置局部放电传感器"，但部分制造厂并未装设。

2. 分析解释

随着对组合电器可靠性要求的提高和带电检测技术的进步，通过组合电器内置传感器进行运行中带电局部放电测量能够有效、及时地发现组合电器内部的缺陷，防止绝缘事故的发生，而且内置局部放电传感器能够大大提高检测灵敏度。

如图 4－22 所示，特高频外置传感器需置于组合电器罐体外，只能监测到穿透盆式绝缘子的特高频信号，信号穿过盆式绝缘子后将有一定的衰减，对监测的准确度产生了影响。而特高频内置传感器安装在罐体内部，能够直接接收所有特高频信号，因此准确度更高。图4－23所示为典型的内置局部放电传感器。

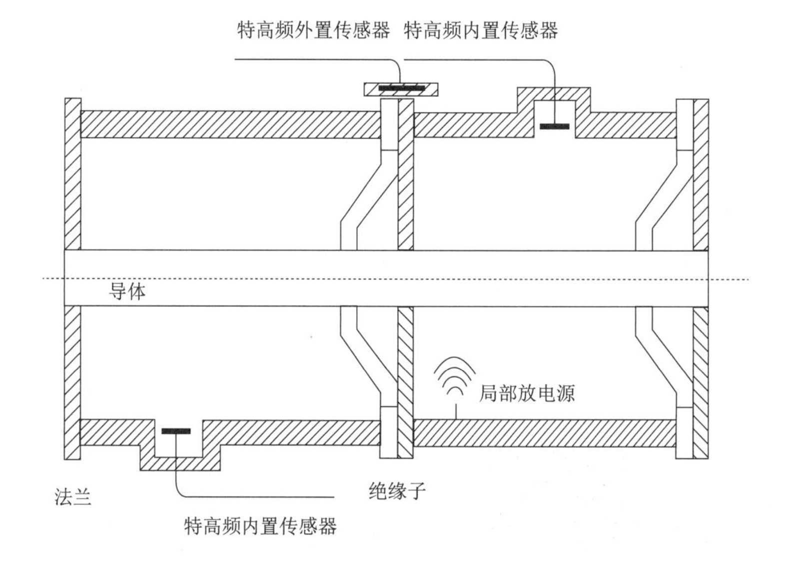

图 4－22　组合电器特高频传感器安装示意图

3. 整改措施

在设计联络会或工厂验收时发现组合电器不满足该项条款时，应强制制造厂执行此规定，保证组合电器设备特高频局部放电检测的便捷性和准确性。

图 4-23 典型的内置局部放电传感器

第 85 条 组合电器的分合闸、储能等指示应采用中文标识，接地开关引出端应有明显的相位标识

1. 工艺差异

组合电器的断路器、隔离开关、接地开关等分合闸指示、储能指示应采用中文标识，部分制造厂仅仅采用符号表示，或采用外文表示，不利于观察巡视。

接地开关引出端应有明显的相位标志，部分制造厂的接地开关引出端无相位标志，无法判断引出接地端的相序。

2. 分析解释

组合电器投入市场的时间并不长，部分制造厂的分合闸指示、储能指示无中文标识，分合指示采用中文更加直观，仅仅采用符号或使用外文增加了人为判断设备状态的难度，容易判断错误，尤其是断路器储能指示，用弹簧的拉伸、压缩表示是否储能，但不同型号的断路器储能方式不同，有的断路器压缩弹簧储能，有的断路器拉伸弹簧储能，这就为判断弹簧是否储能带来了不利因素。

3. 整改措施

在设计联络会中提出，出厂验收时检查，确保断路器、隔离开关、接地开关分合闸指示及储能采用中文标识，整改前后如图 4-24 和图 4-25 所示，接地开关引出端应有明显的相位标识。

图 4－24　整改前：组合电器分合指示未使用中文

图 4－25　整改后：组合电器分合指示使用中文

第 86 条　运输过程中断路器、隔离开关、电流互感器、电压互感器及避雷器气室应安装三维冲击记录仪

1．工艺差异

组合电器制造厂分布在各地，运输过程中组合电器的各部件断路器、隔离开关、电流互感器、电压互感器及避雷器气室应安装三维冲击记录仪。《国家电网有限公司十八项电网重大反事故措施（修订版）》第 12.2.2.1 条规定："GIS 出厂运输时，应在断路器、隔离开关、电压互感器、避雷器和 363kV 及以上套管运输单元上加装三维冲击记录仪，其他运输单元加装震动指示器。运输中如出现冲击加速度大于 3g 或不满足产品技术文件要求的情况，产品运至现场后应打开相应隔室检查各部件是否完好，必要时可增加试验项目或返厂处理"。部分制造厂为了节约成本少装或者漏装三维冲击记录仪。

2．分析解释

组合电器是充气设备，内部结构精密，绝缘距离小，对内部元器件的质量要求极高，运输过程中路况，复杂难免发生颠簸震动，若颠簸严重使设备受到过大冲击，其结构可能会发生破坏，使设备不可靠，投运后引发事故。交接试验比出厂试验减少了若干项目，若运输中设备受到过大冲击，在交接试验中可能难以发现，在投运后才慢慢呈现出来，因此需要确保设备在运输中没有受到过大冲击。

组合电器中，断路器气室的需要灭弧，微小的漂浮物或者导电尖端都将引发故障，隔离开关内的运动部件也容易受到影响，电流互感器、电压互感器及避雷器气室内的绝缘件、线圈对振动十分敏感，因此需要在断路器、隔离开关、电流互感器、电压互感器及避雷器气室安装三维冲击记录仪（图 4－26）。如果在运输和装卸过程出现冲击加速度大于产品技术文件要求时，特别是对内部有支持绝缘件的气室，应考虑打开检查绝缘件是否完好；对于承受过冲击的断路器和隔离开关气室，应在现场

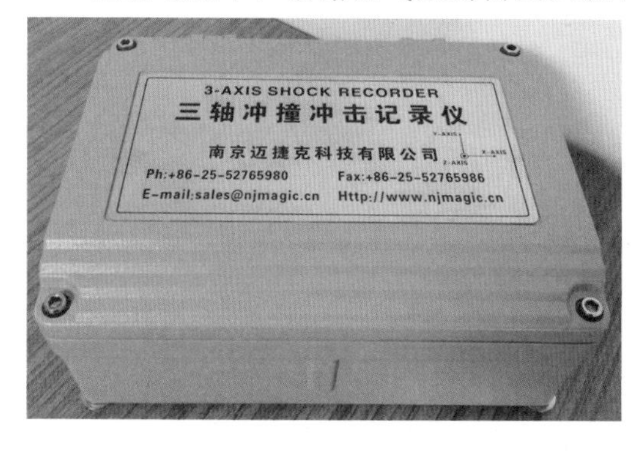

图 4－26　冲击记录仪

耐压试验过程中补充进行断口耐压试验。图 4－27 所示为三维冲击记录仪上记录的波形。

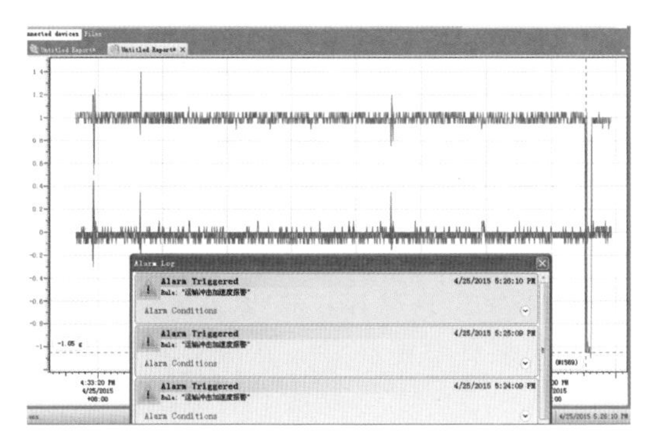

图 4－27 冲击记录仪上记录的波形

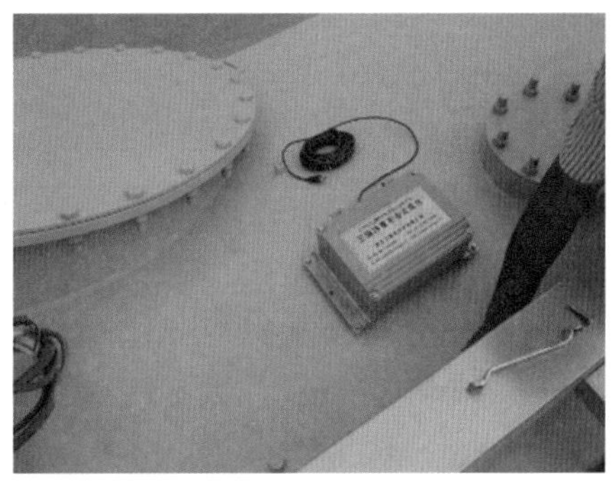

图 4－28 运输和装卸前在组合电器上安装三维冲击记录仪

3. 整改措施

在设计联络会和出厂验收中指明，在运输过程中断路器、隔离开关、电流互感器、电压互感器及避雷器气室应安装三维冲击记录仪（图 4－28），如果在运输和装卸过程出现冲击加速度大于产品技术文件要求时，特别是对内部有支持绝缘件的气室，应考虑打开检查绝缘件是否完好；对于承受过冲击的断路器和隔离开关气室，应在现场耐压试验过程中补充进行断口耐压试验。

第 87 条 组合电器母线和线路的避雷器和电压互感器应设置独立的隔离断口

1. 工艺差异

组合电器母线和线路的避雷器和电压互感器应设置独立的隔离断口，但在部分设计中，母线和线路与避雷器和电压互感器直接连接。

2. 分析解释

组合电器中的避雷器、电压互感器耐压水平与组合电器设备不一致，或者不能承受组合电器的交流电压试验，如果设计时没有相应的隔离刀闸或断口，则必须在耐压试验前将其拆卸，对原部位进行一定均压处理后方可进行组合电器耐压试验，通过后再进行避雷器和电压互感器安装，这样使得耐压试验周期变得很长，且现场处理的密封面、对接面变多，不利于组合电器内部清洁度的控制。出于便于试验和检修的考虑，应设置独立的隔离断口。

3. 整改措施

向制造厂提出要求，组合电器的母线和线路的避雷器和电压互感器应设置独立的隔离断口，如图 4－29 所示。

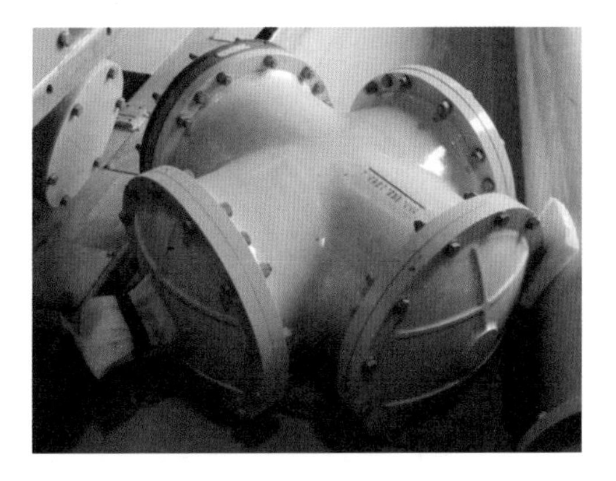

图 4－29 在母线和线路的避雷器和电压互感器间加装隔离断口

第88条　组合电器的控制开关和分合位置指示灯应分开设置

1. 工艺差异

组合电器中，断路器、隔离开关、接地开关的控制开关和分合位置指示灯应分开设置，部分组合电器的分合位置指示灯集成在控制开关上。

2. 分析解释

将多种设备集成为一体，若一个部件损坏需要更换整体，将增加设备的故障率，提高更换工作的成本。当前电网设备的可靠性要求日益提高，需要切实降低设备的故障率。

指示灯长时间通电，故障率高，控制开关故障率低，将指示灯与控制开关集成后，故障率就是二者的集成，指示灯故障就需要更换控制开关，而更换控制开关涉及控制回路，容易发生误操作，风险极大。因此将控制开关和分合位置指示灯分开设置可一定程度上减少零部件故障造成的影响、降低更换工作的风险，并减少更换成本。

3. 整改措施

在设计联络会中提出，出厂验收时检查，确保组合电器的控制开关和分合位置指示灯分开设置。

4.2　组合电器试验

第89条　施工单位应提供组合电器内部绝缘操作杆、盆式绝缘子、支撑绝缘子等部件的局部放电试验报告

1. 工艺差异

施工单位应确保组合电器设备内部的绝缘操作杆、盆式绝缘子、支撑绝缘子等部件已经过局部放电试验，并提供相关试验报告。《国家电网有限公司十八项电网重大反事故措施（修订版）》第12.2.1.12条规定："GIS内绝缘件应逐只进行X射线探伤试验、工频耐压试验和局部放电试验，局部放电量不大于3pC"。部分施工单位未能提供相关实验报告。

2. 分析解释

在组合电器内部，绝缘操作杆、盆式绝缘子、支撑绝缘子等部件的绝缘性能是保证组合电器正常运行的重要保证，为了保证组合电器整体的运行可靠，其组部件必须进行全覆盖的试验。图4-30为绝缘操作杆与盆式绝缘子结构图。

3. 整改措施

向制造厂提出要求，组合电器设备内部的绝缘操作杆、盆式绝缘子、支撑绝缘子等部件必须经过局部放电试验方可装配，要求在试验电压下单个绝缘件的局部放电量不大于3pC，并提供试验报告。

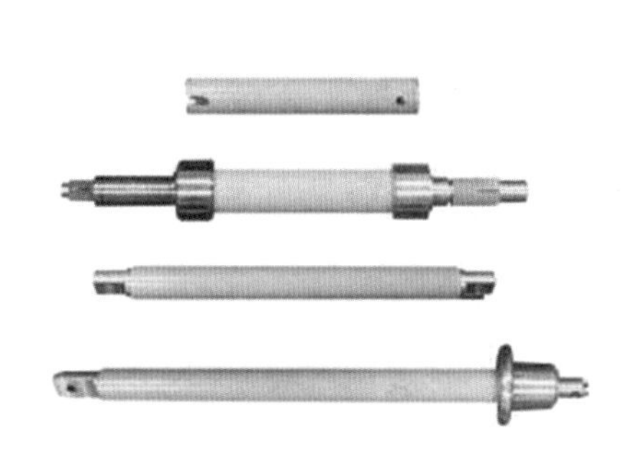

图 4-30 绝缘操作杆与盆式绝缘子结构

第 90 条 施工单位应在组合电器安装过程中对断路器的合-分时间及操作机构与主触头之间的配合进行试验检查，并提供试验检查报告

1. 工艺差异

断路器产品出厂试验、交接试验及例行试验中应进行断路器合-分时间及操作机构辅助开关的转换时间与断路器主触头动作时间之间的配合试验检查。《国家电网有限公司十八项电网重大反事故措施（修订版）》第 12.1.2.2 条规定："断路器产品出厂试验、交接试验及例行试验中，应对断路器主触头与合闸电阻触头的时间配合关系进行测试，并测量合闸电阻的阻值"，但部分施工单位未能提供该项试验检查的相关报告。

2. 分析解释

为保证组合电器中断路器的合-分时间符合产品技术条件中的要求，以及操作机构辅助开关的转换时间与断路器主触头动作时间之间的配合满足电力系统稳定的要求，《国家电网有限公司十八项电网重大反事故措施（修订版）》第 12.1.2.2 条规定："断路器产品出厂试验、交接试验及例行试验中，应对断路器主触头与合闸电阻触头的时间配合关系进行测试，并测量合闸电阻的阻值"，第 12.1.2.3 条规定："断路器产品出厂试验、交接试验及例行试验中，应测试断路器合-分时间。对 252kV 及以上断路器，合-分时间应满足电力系统安全稳定要求"。

3. 整改措施

在组合电器安装过程中，要求施工单位执行此规定并提供相应的试验检查报告。

第 91 条 施工单位应对注入设备后的 SF_6 纯度进行检测

1. 工艺差异

施工单位应对注入设备的 SF_6 气体纯度进行检测。《国家电网有限公司十八项电网重大反事故措施（修订版）》第 12.1.2.4 条规定："充气设备现场安装应先进行抽真空处理，再注入绝缘气体。SF_6 气体注入设备后应对设备内气体进行 SF_6 纯度检测。对于使用

SF_6混合气体的设备，应测量混合气体的比例”，但部分施工单位未进行SF_6纯度检测。

2. 分析解释

湿度和纯度是SF_6气体的重要参数，其直接决定SF_6气体的绝缘和灭弧能力。气体在充气过程中有多个环节可能受潮或混入其他气体，因此对新充入SF_6气体的气体纯度检测十分重要，某些施工单位仅仅进行湿度检测而不进行纯度检测是不符合规定的。

3. 整改措施

向施工单位提出要求，SF_6气体注入设备后必须进行湿度试验，且应对设备内气体进行SF_6纯度检测，必要时进行气体成分分析，并提供湿度和纯度的检测报告。

第92条　施工单位应提供组合电器机械操作试验报告

1. 工艺差异

施工单位应进行组合电器机械操作试验，保证操作次数满足要求并提供相应的试验报告。《国家电网有限公司十八项电网重大反事故措施（修订版）》第12.2.1.11条规定：“GIS用断路器、隔离开关和接地开关以及罐式SF_6断路器，出厂试验时应进行不少于200次的机械操作试验”。(其中断路器每100次操作试验的最后20次应为重合闸操作试验)，以保证触头充分磨合。200次操作完成后应彻底清洁壳体内部，再进行其他出厂试验。部分施工单位未能提供机械操作试验报告或报告中操作次数不满足要求。

2. 分析解释

为避免机械结构的触头出现卡涩，保证组合电器长期稳定可靠运行，组合电器用断路器、隔离开关和接地开关以及罐式SF_6断路器，出厂试验时应进行不少于200次的机械操作试验，机械操作试验次数不够无法保证触头的充分磨合，在投运后的操作中容易发生触头卡涩、机构断裂的情况，且组合电器的维修较为繁杂，施工单位应按要求进行机械操作试验。

3. 整改措施

向制造厂提出要求，必须保质保量地进行组合电器机械操作试验，并如实提供机械操作试验报告。

第93条　气室吸附剂应提供产品质量报告

1. 工艺差异

每个独立气室配置足量的吸附剂，吸附剂应采用优质产品，随产品提供产品质量报告。但部分组合电器的吸附剂无质量报告。

2. 分析解释

SF_6的密度为空气的5倍，在正常情况下是一种无毒、无味、不燃烧，且水、酸、碱均不能使其分解，化学稳定性很高的惰性气体。但SF_6在强电弧的高温作用下，也会被分解而生成少量的低氟化合物，它与水和氧反应呈毒性而有害人体健康，而且对金属部件也有腐蚀劣化作用。因此，在SF_6断路器中一般都装有活性氧化铝和活性炭等吸附剂的吸附装置，吸附剂有活性氧化铝、分子筛和活性炭等，吸附剂颗粒（图4-31）能够吸附设备内部 SF_6 气体中的水分和 SF_6 气体在电弧高温作用下产生的有毒分解物。

图4-31 吸附剂颗粒

有产品质量报告的吸附剂能够保证吸附剂的效果，因此吸附剂应随产品提供产品质量报告。

3. 整改措施

向制造厂提出要求，吸附剂应采用优质产品，随产品提供产品质量报告，如图4-32所示。

巩义市豫润海源净水材料有限公司
Gongyi city embellish sea water purification materials co., LTD

豫润海源

检验报告单

报告单号： 20171103045

产品名称	4A 分子筛	生产日期	2017-11-3
执行标准	HG/T2524-2010	抽样日期	2017-11-3
产品批量	52 吨	化验日期	2017-11-3
生产单位：巩义市豫润海源净水材料有限公司			

项目	标准	检验结果
型号	4A 分子筛	4A 分子筛
静态水吸附	≥21.5%	25%
包装含水量	≤1.5%	1.2%
甲醇吸附量	≥15%	20%
磨耗率	≤0.2%	0.18%
结论	产[illegible]格	
日期	2017-11-3	

检验合格

巩义市豫润海源净水材料有限公司

图4-32 吸附剂检验报告单

第94条 组合电器的密封性试验应在整体喷漆前进行

1. 工艺差异

组合电器的密封性试验应在整体喷漆前进行，以发现隐藏的罐体上的沙眼。部分制造厂在整体喷漆后再进行密封性试验，导致沙眼被油漆覆盖难以发现。

2. 分析解释

组合电器罐体材质为铝质铸造件，铸造过程中若存在沙眼，将造成罐体密封不良引起漏气，因此需要进行密封性试验，通过在罐体内充气，检测压力下降或使用检漏仪等方式测量漏气。若密封性试验安排在罐体喷漆后进行，一些微小的沙眼由于被油漆覆盖，短时间内无法被测量，但是设备投运后，随着运行时间的增加，这些微小的沙眼将开始漏气。

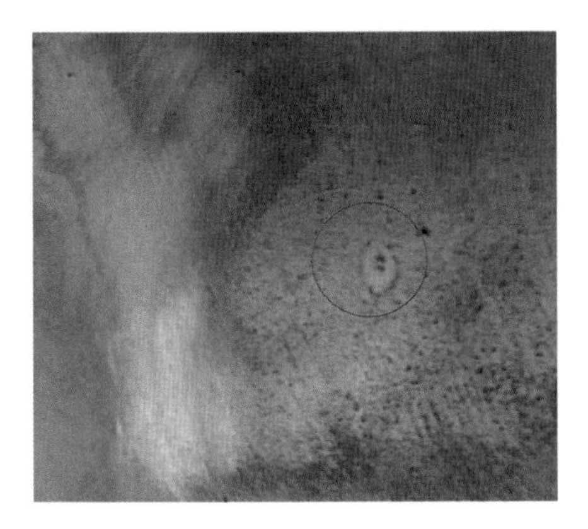

图4-33 某组合电器漏气，去除油漆后发现沙眼

某变电站投运四年，从第三年开始连续两年发现气体渗漏，泄漏点均是罐体上的沙眼，如图4-33所示。过排查，该制造厂的密封性试验是罐体喷漆后再进行的。

因此为了能够在投运前发现组合电器罐体上的沙眼，使设备不带隐患投运，有必要将组合电器密封性试验放在整体喷漆前进行。

3. 整改措施

要求制造厂将组合电器的密封性试验安排在整体喷漆前进行。

第5章 隔离开关

高压隔离开关在高压电路中起隔离高压的作用。它本身的工作原理及结构比较简单，但是由于使用量大，工作可靠性要求高，对变电所、电厂的设计、建立和安全运行的影响均较大。

隔离开关的生产工艺已经较为成熟，但由于隔离开关是需要在现场组装的，在生产基建中的工艺差异主要源自安装阶段。差异主要集中在防水、安装工艺和一部分环境应对措施上。

5.1 隔离开关本体

第95条 隔离开关传动部位及外露平衡弹簧应涂敷润滑脂

1. 工艺差异

隔离开关的传动部位及外露平衡弹簧应涂敷润滑脂，润滑脂一般使用二硫化钼锂基润滑脂。部分施工单位安装完成后未涂敷润滑脂。

2. 分析解释

施工单位完成安装后若不涂润滑脂，隔离开关虽然在刚投运时运行正常，但在运行几年后将会出现卡涩、操作费力的情况，严重的甚至会引起连杆断裂，从而引发事故。

这是因为隔离开关的结构中有许多传动部件如轴承、拐臂、弹簧等，运动的部件都需要润滑，因此需要涂敷润滑油，同时这些部件在长期的运行中容易积灰、腐蚀、生锈，影响隔离开关的功能，因此这些部件还需要防护。

如图5-1所示，在传动部位涂抹二硫化钼锂基润滑脂既可以起到润滑作用，又可以起到防护作用。它的外观如图5-2所示，为灰色至黑灰色均匀油膏，具有良好的润滑性、机械安全性、抗水性和氧化安定性等特点，适用于隔离开关运转的轴承、连杆、摩擦面等需要良好润滑效果的位置，具有良好的热稳定性和润滑作用。同时由于它可以隔绝空气和水分，能够起到较好的防护作用。

3. 整改措施

施工单位应在隔离开关安装完成后，传动部位及外露平衡弹簧应涂敷润滑脂，润滑脂一般使用二硫化钼锂基润滑脂。整改前后如图5-3和图5-4所示。

图5-1 在传动部位涂抹二硫化钼锂基润滑脂

图5-2 二硫化钼锂基润滑脂的外观

图5-3 整改前：由于未涂抹润滑脂，平衡弹簧生锈

图5-4 整改后：平衡弹簧上涂抹足量二硫化钼锂基润滑脂

第96条 110kV GW4型隔离开关应加装防坠落踏板

1. 工艺差异

为了检修的便利性与安全性，110kV GW4型隔离开关应加装防坠落踏板。施工单位没有这方面的考虑。

2. 分析解释

如图5-5所示，GW4型隔离开关的位置较高，一般为2～3m，需要用梯子上下，而110kV GW4型隔离开关数量庞大，检修任务重，安装防坠落踏板可以大大提高检修作业的安全性和工作效率。

图5-5 GW4型隔离开关

3. 整改措施

对于110kV GW4型隔离开关，施工单位应在完成施工后加装防坠落踏板。整改前后如图5-6和图5-7所示。

图 5-6 整改前：无防坠落踏板

图 5-7 整改后：安装防坠落踏板

第 97 条 隔离开关的操作机构高度应适合手动操作

1. 工艺差异

隔离开关的操作机构高度应适合手动操作，手动操作手柄高度应为 1100～1300mm，有的施工单位在安装隔离开关时未考虑手动操作的便利性，操作手柄的高度过高或者过低，不利于操作。

2. 分析解释

隔离开关本体安装的高度较高，因此需要操作机构来驱动，隔离开关机构如图 5-8 所示。通常，操作机构可分为电动和手动两种，电动机构通过电机驱动，而手动机构则需要人力来驱动。为了节省操作力，需要将操作机构安装在大多数人都能够适应的高度，经验值应为 1100～1300mm。

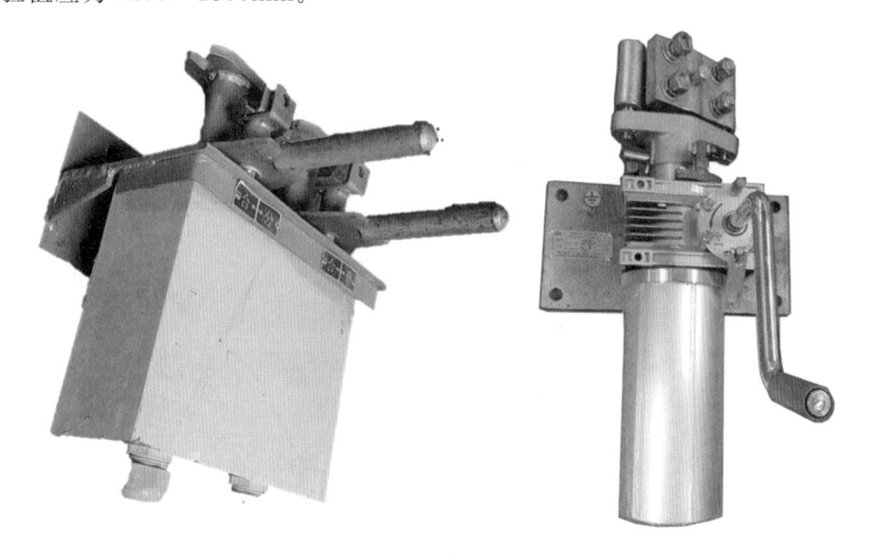

图 5-8 隔离开关机构

3. 整改措施

通过设计确认，将隔离开关的机构操作手柄高度设计为 1100～1300mm，施工单位应按图施工。整改前后如图 5－9 和图 5－10 所示。

图 5－9　整改前：机构箱过低，不适合手动操作

图 5－10　整改后：隔离开关机构高度适中

第 98 条　电容器隔离开关的接地开关采用四极接地开关

1. 工艺差异

电容器隔离开关的接地开关采用四极接地开关，即应增加一极中性点接地。部分设计中仍然采用三极接地的老结构。

2. 分析解释

如图 5－11 所示，高压电容器组采用星型接线，中性点在运行中不接地，因此带有电压。当停运检修时，除了要将 A、B、C 三相接地外，星型接线的中性点 N 也需要接地放电，因此才出现四极隔离开关，运行时主刀三极导通，停运时四极隔离开关接地。

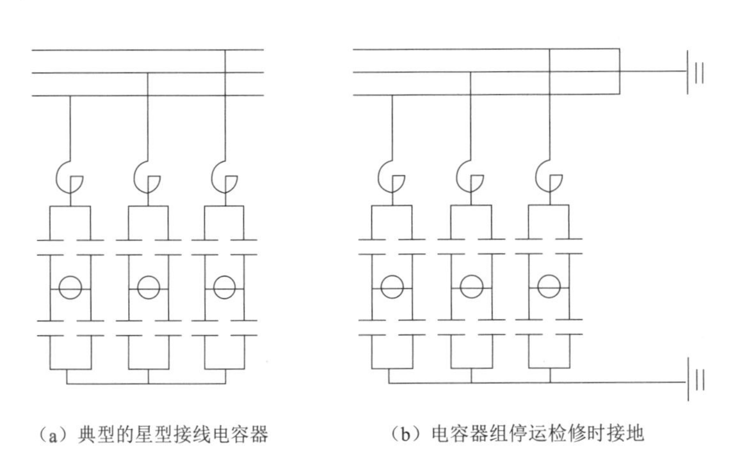

图 5－11　电容器组接线示意图

电容器组的星型接线，停运检修时 A、B、C、N 均需要接地。

3. 整改措施

从制造厂和设计的源头入手，要求所用电容器隔离开关的接地开关采用四极接地开关。整改前后如图5-12和图5-13所示。

图5-12 整改前：电容器隔离开关仅带三极接地刀关

图5-13 整改后：电容器隔离开关采用四极接地开关

第99条 252kV及以上隔离开关安装后应对绝缘子逐只探伤

1. 工艺差异

252kV及以上的隔离开关，绝缘子探伤应在安装完成后逐只进行。《国家电网有限公司十八项电网重大反事故措施（修订版）》第12.3.2.2条规定："252kV及以上隔离开关安装后应对绝缘子逐只探伤"，部分施工单位不进行探伤或只在安装前进行探伤。

2. 分析解释

绝缘子是隔离开关的重要组成部件，起着支撑导体和绝缘的作用。电网中因支持绝缘子断裂引起的故障时有发生，影响面广，损失大，给安全运行构成极大威胁，因此防止支持绝缘子断裂事故是历年来变电检修的重点工作，绝缘子断裂的原因主要是由于绝缘子老化、根部机械强度减弱、局部损伤后引发断裂事故。

绝缘子探伤仪使用的超声波检测法是无损检测的一种方法，如图5-14所示，超声波检测时，检测仪发出高频脉冲电信号加在探头的压电晶片上，由于逆压电效应，晶片产生弹性形变，从而产生超声波；超声波经耦合后传入被探的绝缘子中，遇到异质界面时产生反射，反射回来的超声波同样作用到探头上，正压电效应使探头晶片上产生放电信号，再通过分析晶片上的电信号，就可以发现被探绝缘子的缺陷信息。

同时，隔离开关吊装和连接导线等过程存在绝缘子冲击破损、异常受力等风险，因此绝缘子探伤应在设备安装完好并完成所有连接后进行。

3. 整改措施

要求施工单位在隔离开关安装完成后，应对绝缘子逐只探伤。整改前后如图5-15和图5-16所示。

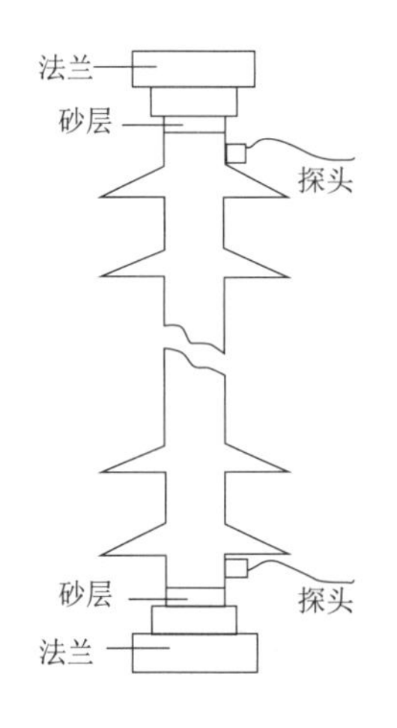

图 5-14　绝缘子探仪

图 5-15　整改前：在隔离开关安装前探伤

图 5-16　整改后：在隔离开关安装后探伤

第 100 条　叠片式铝制软导电带应有不锈钢片保护

图 5-17　无不锈钢片保护的软连接被风一片一片吹断

1. 工艺差异

隔离开关若使用叠片式铝制软导电带，应有不锈钢片保护。《国家电网有限公司十八项电网重大反事故措施（修订版）》第 12.3.1.4 条规定："上下导电臂之间的中间接头、导电臂与导电底座之间应采用叠片式软导电带连接，叠片式铝制软导电带应有不锈钢片保护"，但部分制造厂的软连接无不锈钢片保护。

2. 分析解释

如图 5-17 所示，无不锈钢片保护的部分薄导电带（软连接）在运行中容易被风一片一片吹断，因此上下导电臂之间的中间接头、导电臂与导电底座之间应采用叠片式软导电带连接，叠片式铝制软导电带应有不锈钢片保护。

3. 整改措施

要求制造厂改变设计，采用叠片式铝制软导电带连接并使用不锈钢片保护。整改前后如图 5-18 和图 5-19 所示。

图 5-18 整改前：叠片式铝制软导电带无不锈钢片保护

图 5-19 整改后：叠片式铝制软导电带使用不锈钢片保护

第 101 条 垂直开断隔离开关支持瓷瓶上方应设置防鸟措施

1. 工艺差异

隔离开关支持瓷瓶上方平坦，容易引鸟筑巢，可以通过安装防鸟装置阻止鸟类筑巢。大部分制造厂并无防鸟的措施，基建单位也基本不会考虑加装防鸟装置，使投运后变电站鸟害严重。

2. 分析解释

鸟类在变电所中筑巢，筑巢使用的稻草、金属丝可能引起设备短路接地，鸟类生活产生的污物可能腐蚀变电设备，会对变电站安全运行带来许多不利的影响。

鸟巢的材料比较复杂，包括铁丝等一些金属物件，一旦在高压设备处形成鸟巢，铁丝垂挂下来即会导致对瓷瓶的放电，从而导致严重的设备事故，如图 5-20 所示。此类事故多发于鸟类筑巢的季节，某变电站因为鸟巢的铁丝下引，从而导致 110kV 副母隔离开关瓷瓶放电，110kV 母差动作，110kV 副母全停。

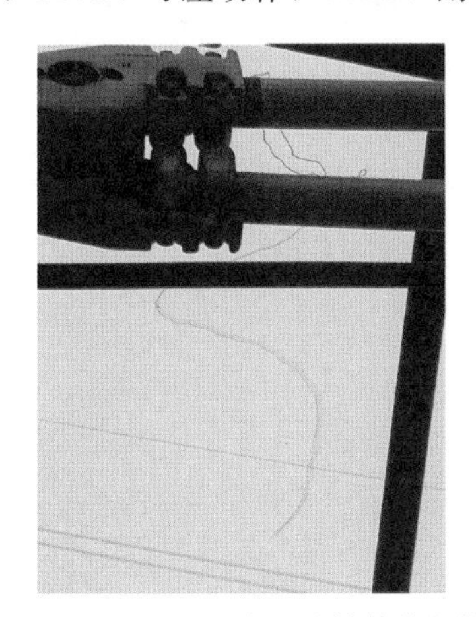

图 5-20 隔离开关的某些鸟巢中含有铁丝，易引起接地故障

在垂直开断隔离开关上，鸟巢的位置很高如图 5－21 所示，需要停电才能处理鸟巢缺陷。

根据此类隔离开关的结构，在不影响隔离开关正常动作的前提下，计划为鸟类筑巢设置障碍，避免其筑巢。驱鸟器的原理是，通过在板上安放针刺，使鸟无法在隔离开关底座上停留建窝，从而达到驱鸟的目的。图 5－22 为驱鸟器与安装位置。

驱鸟器将原先筑巢在隔离开关上的鸟类驱散到别处，驱鸟器设置后的筑巢率见表 5－1，防鸟效果良好，因此已经在检修单位推广使用，但基建单位由于不需要考虑投运后鸟类筑巢情况，并无安装驱鸟器的规定。

图 5－21　垂直开关隔离开关的鸟巢位置

图 5－22　驱鸟器与安装位置

表 5－1　　驱鸟器设置后的筑巢率

装置	设置数量	设置后的筑巢数量	筑巢率
驱鸟器	124	1	1%

3. 整改措施

向制造厂及设计单位提出要求，应充分考虑隔离开关的驱鸟功能；向基建单位提供驱鸟器，令其在新建隔离开关上底座上安装。整改前后如图 5－23 和图 5－24 所示。

图 5-23 整改前：未加装驱鸟器

图 5-24 整改后：加装驱鸟器

第 102 条 线夹搭接面使用的电力复合脂应合格

1. 工艺差异

施工单位使用的电力复合脂应符合 Q/GDW 634—2011《电力复合脂技术条件》。现场抽查后发现有的施工单位使用的导电脂不合格。

2. 分析解释

电力复合脂又叫做导电膏，它是由矿物油脂加入适量的导电、抗氧化、抗腐蚀等物质，经物理方法精制合成的一种电工材料。当将电力复合脂均匀地涂抹在导电体的接触面时，可将其表面填平，这样便使连接处的各导电体之间的接触由“点接触”变成了“面接触”，就相当于增大了相互连接的导电体之间的有效接触面积，可大大降低它们之间的接触电阻。

同时，由于在电力复合脂中添加了抗氧化及抗腐蚀等物质，当将其均匀地涂抹在导电体的接触面上时，可防止金属导电体在空气中被氧化、腐蚀，大大减缓了金属导电体接触面上氧化薄膜的产生，也就大大减轻了电气接头中导电体遭受电化学腐蚀的作用，保证了接头处导电体能够长时间接触良好。因此，电力复合脂对降低导电接触面电阻起到十分重要的作用。Q/GDW 634—2011《电力复合脂技术条件》从外观、锥入度、滴点、pH 值、腐蚀、蒸发损失、耐潮性能、涂膏前后冷态接触电阻的变化、温度循环性能、体积电阻率、额定电流下的温升、耐盐雾腐蚀性能、加速稳定性等 13 个方面对电力复合脂进行了规定，在抽查中发现有的施工单位使用的电力复合脂不符合要求。

某电力复合脂测得滴点 130.3℃，远小于标准中该值“≥200℃”的要求，较低的滴点会导致样品在使用过程中较易发生液化，降低膏体与涂覆面的附着力，增大电力复合脂的损失；测得蒸发损失为 4.5%，远大于标准“≤1.5%”的要求，过大的蒸发损失会使在使用过程中电力复合脂损失加速，降低电力复合脂涂覆结构的使用年限；测得涂膏前后冷态接触电阻的变化为 1.0，大于标准“<0.9”的要求，过大的接触电阻变化导致电力复合脂涂覆后结构体电阻上升过大，影响电气安全性能；加速稳定性试验中出现油分析出、分层现象，无挂壁，与标准要求“无油分析出、分层、挂壁现象要求”不符，该指标为样品时间稳定性指标，时间稳定性差可能导致电力复合脂提前失效，涂覆结构提前老化。

高压设备停电检修周期长，若电力复合脂在周期内就失去作用，将引起导电接触面接触电阻增大，接触电阻越大，接头处的发热也就越严重，最终可能导致接头烧熔、断线。

因此必须要使用合格的电力复合脂。

3. 整改措施

督促施工单位使用合格的电力复合脂。并在中间验收、竣工验收中抽查，若发现有使用不合格的电力复合脂的情况，就要求施工单位对所有接头重新处理。整改前后如图 5-25 和图 5-26 所示。

图 5-25 整改前：使用不合格的电力复合脂

图 5-26 整改后：使用合格的电力复合脂

第 103 条 隔离开关应进行带设备线夹的回路电阻测试

1. 工艺差异

隔离开关安装时应保证各个接触面回路电阻符合要求，并进行回路电阻测试。《国家电网有限公司十八项电网重大反事故措施（修订版）》第 12.3.2.1 条规定：“新安装的隔离开关必须进行导电回路电阻测试。交接试验值应不大于出厂试验值的 1.2 倍。除对隔离开关自身导电回路进行电阻测试外，还应对包含电气连接端子的导电回路电阻进行测试”。部分施工单位对回路电阻的测量相当敷衍，未对线夹接触面回路电阻值进行测量。

2. 分析解释

随着社会经济发展，供电负荷逐年增加，隔离开关过热问题凸显，从对隔离开关过热的巡查情况来看，发现过热主要集中在触头和线夹接触面上。因此确保触头接触可靠、线夹接触面接触电阻合格对于避免隔离开关过热有着重要的意义。运行经验表明，电气接线端子发热日益成为高压隔离开关导电回路过热故障的主要类型之一。导电回路电阻测试应在设备完全安装、连接完毕后进行，避免导线连接后设备接触情况发生变化。电气接线端子发热的主要原因是安装工艺不良。因此要求隔离开关安装后，施工单位应测量隔离开关带设备线夹的整体回路电阻值，并出具有效的实验报告。

3. 整改措施

要求施工单位对隔离开关带设备线夹做整体回路电阻测试，并提供相应的试验报告。

第 104 条　隔离开关触头镀银层应不小于 20μm

1. 工艺差异

隔离开关应提供触头镀银层检测报告作为触头镀银层合格依据，目前制造厂往往未提供此报告。《国家电网有限公司十八项电网重大反事故措施（修订版）》第 12.3.1.2 条规定："隔离开关主触头镀银层厚度应不小于 20 μm，硬度不小于 120HV，并开展镀层结合力抽检。出厂试验应进行金属镀层检测。导电回路不同金属接触应采取镀银、搪锡等有效过渡措施"。部分制造厂的隔离开关触头镀银层厚度不足或未提供镀银层检测报告。

2. 分析解释

为了隔离开关可靠运行，降低主触头的发热，动静触头表面需进行镀银处理，镀层达到一定厚度时可提高接触点的导电能力和抗氧化能力。若镀银层厚度或硬度不足，在投运之初可能不会有影响，但随着运行时间的增加，不合格镀银层在空气、水分和电场的作用下容易损伤、脱落。如图 5－27和图 5－28 所示，在运行一年后，因镀银层厚度和硬度不足，导致隔离开关镀银层出现磨损脱落。

图 5－27　运行一年后，触头镀银层脱落

图 5－28　由于镀银层硬度不足发生磨损

隔离开关触头镀银层厚度要求不低于 20 μm，验收时仅根据目测无法判断镀银层厚度是否符合要求，因此需制造厂提供第三方触头镀银层检测报告作为验收依据。

3. 整改措施

在设计联络会纪要中应予以明确，隔离开关主触头镀银层厚度应不小于 20μm，硬度不小于 120HV，验收时若发现无镀银层检测报告，应要求制造厂补充该报告，如图 5－29所示。

附 录 C
（资料性附录）
交流隔离开关和接地开关触头镀银层厚度检测报告

工程名称	Project	苏动变	试验日期	Date	2-18、09.25
试件名称	Unit Name	角触头	试件型号	Unit Serial Number	GW4-126
生产厂家	Manufacturer.	长沙高压开关	出厂编号	Serial Number	18 12476
镀层材质	Cladding Material	银(Ag	基材材质	Backing Material	铝(AL)
仪器型号	Device Number	DNT 4884	显示精度	Accuracy	0.05
检验依据	Standard	GDW-11-284-2011			

测试部位照片或示意图 The graph or photo of tested unit:

测厚记录(单位：μm)Thickness Record：

触头编号	测点编号	1	2	3	4	5	6
	厚 度	30.4	30.7	29.8	31.0	30.7	29.9
	测点编号	7	8	9	10		
	厚 度	29.4	30.8	31.4	28.8		

检测结论	Conclusion	合格		
检 验	Operator	432呈	审 核	Auditor

图 5－29 整改后：提供镀银层检测报告

5.2 隔离开关机构

第 105 条 制造厂应提供机械操作试验报告

1. 工艺差异

制造厂应进行隔离开关机械操作试验，保证操作次数满足要求并提供相应的试验报告。部分制造厂未能提供机械操作试验报告或报告中操作次数不满足要求。

2. 分析解释

为避免机械结构的触头出现卡涩，保证隔离开关长期稳定可靠运行，《国家电网有限公司十八项电网重大反事故措施（修订版）》第 12.2.1.11 条规定："GIS 用断路器、隔离开关和接地开关以及罐式 SF_6 断路器，出厂试验时应进行不少于 200 次的机械操作试验（其中断路器每 100 次操作试验的最后 20 次应为重合闸操作试验），以保证触头充分磨合。200 次操作完成后应彻底清洁壳体内部，再进行其他出厂试验”。机械操作试验次数不够无法保证触头的充分磨合，在投运后的操作中容易发生触头卡涩、机构断裂的情况，因此制造厂应按要求进行机械操作试验。

3. 整改措施

向制造厂提出要求，必须保质保量地进行各开关的机械操作试验，并如实提供机械操作试验报告。整改前后如图 5－30 和图 5－31 所示。

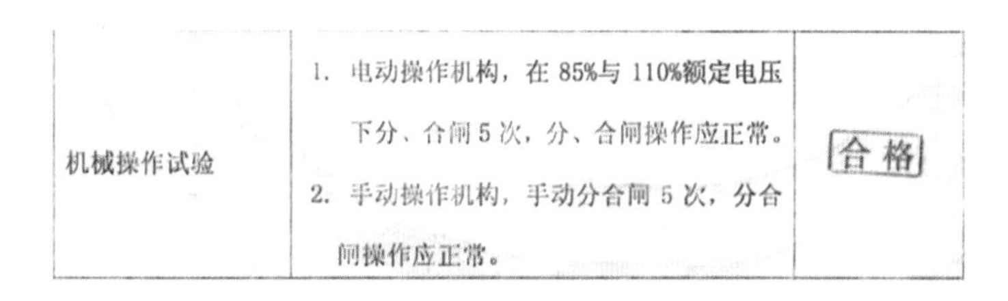

机械操作试验	1. 电动操作机构，在 85%与 110%额定电压下分、合闸 5 次，分、合闸操作应正常。 2. 手动操作机构，手动分合闸 5 次，分合闸操作应正常。	合格

图 5－30　整改前：隔离开关机械操作次数仅 10 次

机械操作试验	电动操作机构，在 85%与 110%额定电压下分、合闸 100 次，操作应正常。	合格
	手动操作机构，手动操作分、合闸 100 次，操作应正常。	合格

图 5－31　整改后：隔离开关机械操作次数合格

第 106 条　隔离开关机构箱内应安装加热器并可靠启用

1. 工艺差异

隔离开关机构箱内应安装加热器并可靠启用。有的隔离开关只有电动操作机构箱有加热器而手动操作机构箱没有，有的机构箱内配置有加热器但施工单位未将加热器电源接入导致加热器不工作。

2. 分析解释

隔离开关大多运行在户外，受环境影响大，而机构箱内有许多电气和机械元件，这些元件对工作环境的要求较高。若机构箱内部湿度太大，机械部件如齿轮和轴承等容易生锈、发生卡涩引起机构故障；电气元件如继电器和按钮等容易受潮，绝缘能力降低，导致无法正常工作，如图 5－32～图 5－34 所示。

图5-32 由于加热器未投导致传动齿轮生锈

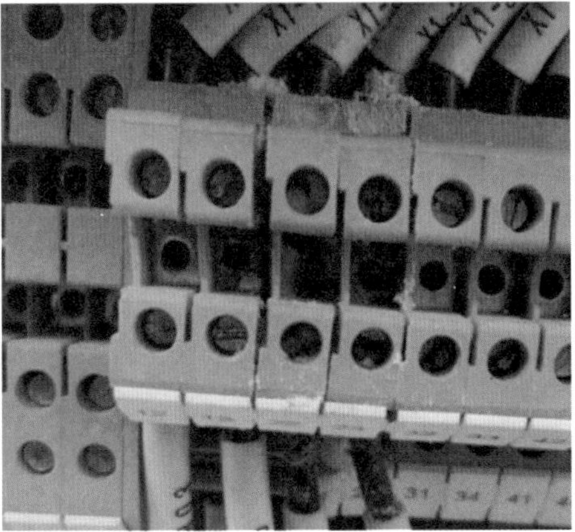

图5-33 由于加热器未投导致继电器和端子排发霉

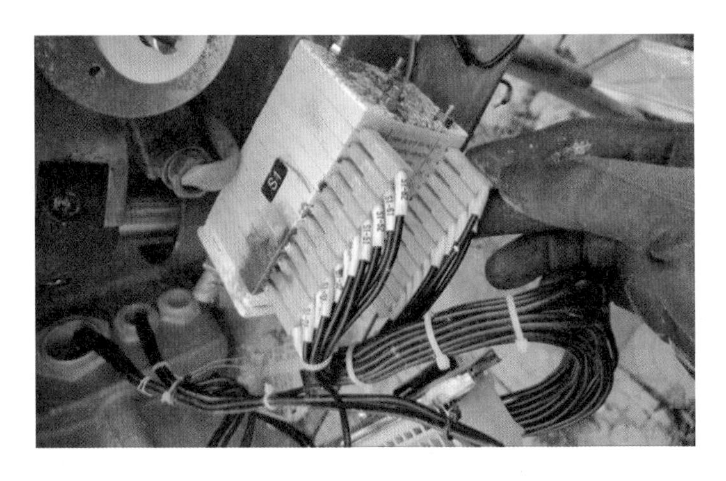

图5-34 加热器未投导致辅助开关发霉

安装加热器可以有效降低机构箱内的湿度，改善机构箱内电气和机械元件的运行环境，从而降低机构的故障率，提高运行可靠性。据统计，加热器正常工作的机构故障比没有加热器的机构低60%以上，因此在机构箱内安装加热器并可靠启用是十分有必要的。

3. 整改措施

从制造厂和设计的源头入手，要求所用隔离开关机构箱（包括电动机构和手动机构）安装加热器，并敷设电源电缆，使加热器可靠启用，如图5-35所示。

图5-35 机构箱内安装加热器

第107条 隔离开关的机构箱应满足三侧开门要求

1. 工艺差异

隔离开关操作机构的箱体应可三侧开门，而且只有正门打开后其两侧的门才能打开。DL/T 486—2010《高压交流隔离开关和接地开关》第5.13条规定："隔离开关操作机构的箱体应可三侧开门，而且只有正门打开后其两侧的门才能打开"。部分制造厂的机构箱只能打开两面甚至一面，为检修带来不便。

2. 分析解释

安装及检修中往往要将隔离开关机构箱门打开，但机构箱内机械及电气元件众多，只开一个门将给检修带来不便，因此隔离开关操作机构的箱体应可三侧开门，而且只有正门打开后其两侧的门才能打开。

3. 整改措施

在设计联络会纪要中应予以明确，隔离开关操作机构的箱体应可三侧开门，而且只有正门打开后其两侧的门才能打开。整改前后如图5-36和图5-37所示。

图 5－36　整改前：机构箱侧门不可打开

图 5－37　整改后：机构箱可以三侧开门

第 108 条　同一间隔内多台隔离开关电机电源应设置独立开断设备

1. 工艺差异

同一间隔内多台隔离开关电机电源应设置独立开断设备，例如，同一个间隔的母线隔离开关、线路隔离开关、线路接地开关、开关母线侧接地开关等的电机电源空气开关应该分开设置。部分制造厂同个间隔内的隔离开关共用一个电源空气开关。

2. 分析解释

同一间隔内多台隔离开关电机电源设置独立开断设备出于以下考虑：

(1) 减小故障影响考虑。一台隔离开关故障短路后跳开空气开关，同间隔内的其他隔离开关应不受影响，能够操作，若共用一个空气开关，一台隔离开关断路后整个间隔内的其他隔离开关也不能操作，扩大了故障的影响。

(2) 检修中防误操作安全考虑。停电检修中，同间隔的所有隔离开关不同时停役，而组合电器的接线方式不直观，在检修停电隔离开关时容易误操作运行隔离开关，如果将电机电源分开设置，在检修中就可以将运行隔离开关的电机电源断开，降低了误操作的可能性。

出于以上两者的考虑，同一间隔内多台隔离开关电机电源分别设置独立开断设备，采用点对点供电。

3. 整改措施

在设计联络会中向制造厂提出要求，确保同一间隔内多台隔离开关电机电源设置独立开断设备。

第 109 条 隔离开关应有完善的电气联锁

1. 工艺差异

隔离开关需有完善的电气联锁，变电所同间隔内开关和两侧隔离开关电动机构、主刀电动机构和接地开关操作机构应有电气联锁回路，接地开关机构是手动机构的，在接地开关合闸时须闭锁主刀合闸电源。Q/GDW 11504—2015《隔离断路器运维导则》第5.8条规定："b）隔离断路器合闸或断路器合闸，接地开关均不能合闸；c）接地开关合闸对隔离断路器合闸的闭锁：当接地开关处于合闸位置时，远方、就地操作隔离断路器，隔断路器均不能合闸"。部分基建工程中隔离开关的电气联锁不完善。

2. 分析解释

加装联锁装置的目的是防止在操作过程中发生误操作和误并列事故。

（1）防止带负荷分、合隔离开关。为了保证操作的安全，操作隔离开关必须按照一定的操作顺序，即合闸操作时，先合隔离开关，后合断路器；分闸操作时，先拉断路器，后拉隔离开关。否则将发生误操作，造成相间短路事故。因此设定联锁，只有在断路器分闸状态下才能操作隔离开关。

（2）防止带接地线（接地开关）合隔离开关，变电所同间隔内开关和两侧闸刀电动机构、主刀电动机构和接地开关操作机构应有电气联锁回路，接地开关机构是手动机构的，在接地开关合闸时须闭锁主刀合闸电源。

3. 整改措施

从制造厂和设计的源头入手，要求隔离开关安装完善的电气联锁。做到防止带负荷分、合隔离开关及防止带接地线（接地开关）合隔离开关。

第6章
开 关 柜

开关柜是由一个或多个低压开关设备和与之相关的控制、测量、信号、保护、调节等设备，由制造厂负责完成所有内部的电气和机械的连接，用结构部件完整地组装在一起的一种组合体。开关柜的结构大体类似，主要分为母线室、断路器室、二次控制室（仪表室）和馈线室，各室之间一般由钢板隔离。内部元器件包括母线（汇流排）、断路器、常规继电器、综合继电保护装置、计量仪表、隔离开关、指示灯、接地开关等。

开关柜在电网中具有较长的历史，但近些年由于开关柜向小型化、封闭式、移开式方向发展，许多新的技术和设计应运而生。这些新技术和新设计也是生产和基建在开关柜上的差异来源，差异比较分散，选材、设计、试验等各方面都有。

6.1 开关柜母线

第110条 开关柜内外包绝缘套的母排应设置接地线挂接位置，三相位置应错开

1. 工艺差异

开关柜母排挂接接地线的位置应去除绝缘套，且三相位置应错开。部分施工单位安装母排后未预留出接地线挂接位置，或三相位置未错开。

2. 分析解释

开关柜母排通常采用外包绝缘套的方式对母排表面进行绝缘处理。当母线停电检修时，需要在母线上挂接接地线作为安全措施，因此需在外包绝缘套的母排上预留出可以挂接接地线的位置。同时由于运行时该位置裸露，为防止有异物触碰导致相间绝缘不足，要求三相位置错开布置，如图6-1所示，以尽可能增大该部位相间直线距离。

图6-1 接地线挂接位置布置上下略有错开

3. 整改措施

在验收时若发现不满足该要求，应按运行需求在母排热缩套上割出挂接接地线的位置，并用可移动的绝缘套包好。

第 111 条 10kV 母排应整体热缩

1. 工艺差异

10kV 母排应整体热缩；部分开关柜制造厂未对母排进行热缩或热缩范围不满足要求。

2. 分析解释

由于裸母排存在一定的安全隐患，因此对于 10kV 母排应进行整体热缩。热缩可有效防止酸、碱、盐等化学物质对母排造成腐蚀，防止老鼠、蛇等小动物进入开关柜引起短路故障以及检修人员误入带电间隙造成意外伤害，同时可以增加母排相间、相对地间绝缘强度，适应开关柜小型化的发展趋势。并且采用不同颜色的热缩套管，可以直接通过颜色判断母排的相别，减少接错的可能。

3. 整改措施

出厂验收时如发现 10kV 母排未进行整体热缩，应要求制造厂补充热缩。整改前后如图 6-2 和图 6-3 所示。

图 6-2 整改前：母排未热缩

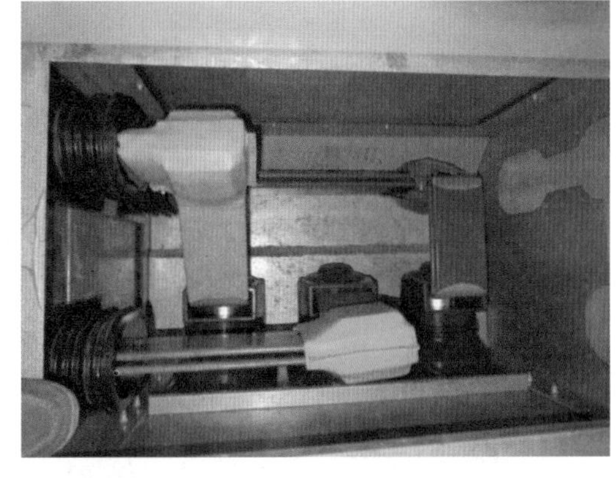

图 6-3 整改后：母排整体热缩

第 112 条 开关柜内套管高压屏蔽层与母排的连接应采用软导线及螺栓固定

1. 工艺差异

开关柜内套管高压屏蔽层与母排的连接应采用软导线及螺栓固定。《国家电网有限公司十八项电网重大反事故措施（修订版）》第 12.4.1.10 条规定：“24kV 及以上开关柜内的穿柜套管、触头盒应采用双屏蔽结构，其等电位连线（均压环）应长度适中，并与母线及部件内壁可靠连接”。部分制造厂开关柜内的套管高压屏蔽层与母排的连接未采用软导线及螺栓固定，而采用弹簧片接触的安装方式。

2. 分析解释

开关柜的穿柜套管和触头盒要求采用具备均压措施的元件，套管高压屏蔽层与母排的连接应采用软导线及螺栓固定，禁止采用弹簧片接触的安装方式。

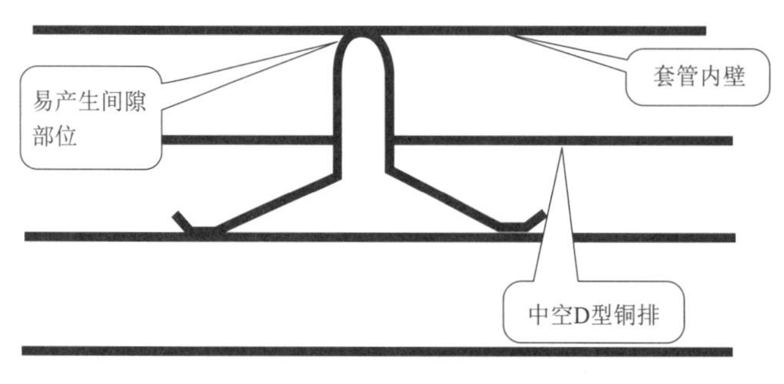

图6-4 均压弹簧工作原理

采用弹簧片作为等电位连接方式，是依靠弹簧片本身的弹力来保证套管与母排连接的可靠性，随着运行时间的增加，弹簧弹性下降，易发生形变，导致原接触部位产生间隙，难以维持母排与套管的可靠连接，造成放电。图6-4和图6-5为均压弹簧工作原理和放电案例。

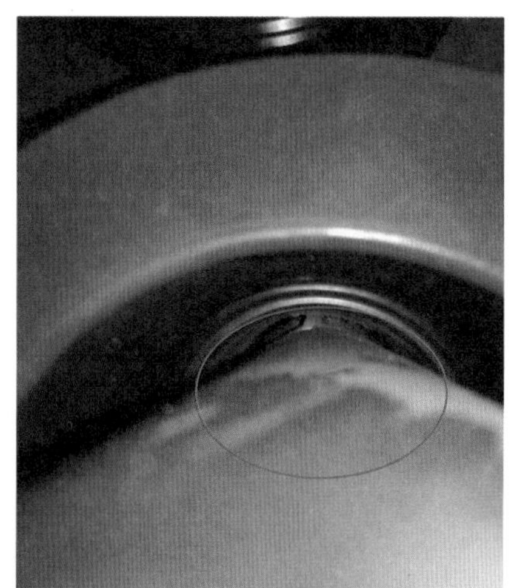
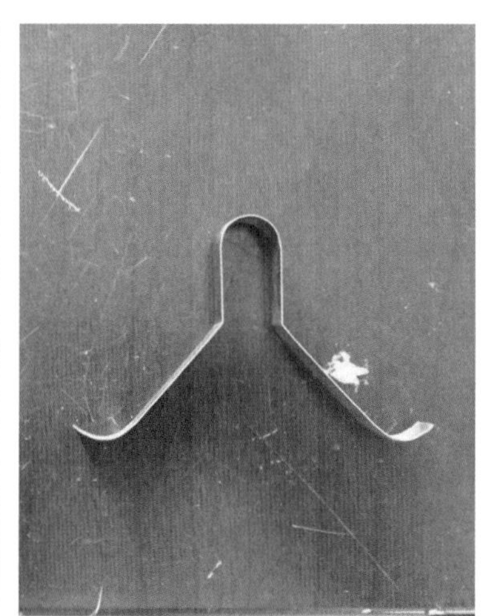

图6-5 套管与均压弹簧发生放电案例

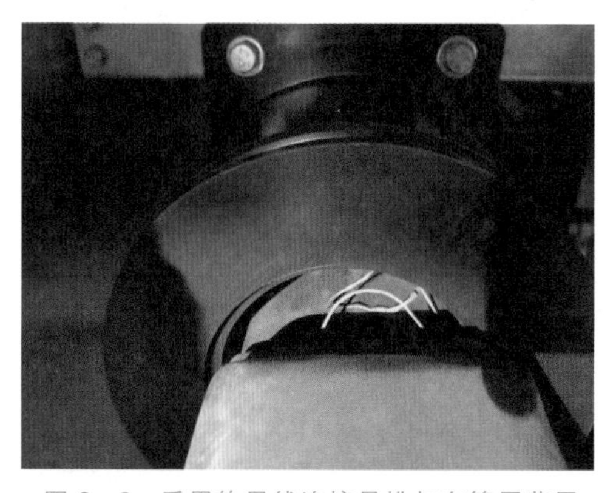

图6-6 采用软导线连接母排与套管屏蔽层

采用软导线及螺栓连接套管高压屏蔽层与母排，随着运行时间增加，螺栓连接仍然较为可靠，可避免此类问题。

3. 整改措施

在设计联络会纪要中应予以明确，套管高压屏蔽层与母排的连接应采用软导线及螺栓固定，如图6-6所示。

第113条　开关柜内矩形母线应倒角且倒角不小于R5

1. 工艺差异

开关柜内矩形母线末端应采用圆弧形倒角，但部分开关柜制造厂未对矩形母线末端进行倒角或倒角小于R5。

2. 分析解释

按照Q/GDW 11074—2013《交流高压开关设备技术监督导则》要求：“柜内导体末端应采用圆弧形倒角”。矩形母线末端位置若不进行倒角，通电后电场场强较为集中，易形成电场畸变，导致局部放电；图6-7为矩形母线末端已经过倒角处理，通过一定程度的倒角后可有效改善电场分布，避免局部电场太集中，增大间隙击穿电压。

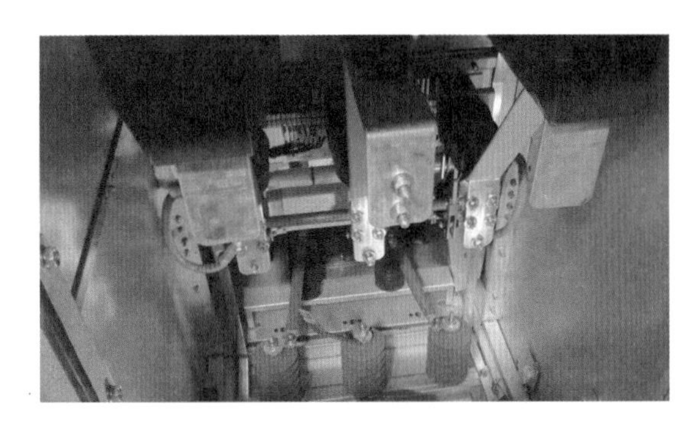

图6-7　矩形母线末端倒角

3. 整改措施

在设计联络会纪要中应予以明确，厂内验收时若发现开关柜矩形母线未倒角或倒角不符合要求，应要求制造厂整改，对矩形母线进行倒角且倒角不小于R5。整改前后如图6-8和图6-9所示。

图6-8　整改前：未倒角

图6-9　整改后：倒角后

第114条　开关柜内母线穿柜套管安装板需用低磁材料，防止涡流过热

1. 工艺差异

开关柜内穿柜套管安装板需用低磁材料。但部分制造厂开关柜穿柜套管安装板未采用低磁材料，导致开关柜运行后在该板上感应出涡流，引起过热。

2. 分析解释

穿柜套管是柜与柜之间母排连接的重要连接部分，当电流通过母排时，会在穿柜套管安装板上感应出磁场，并产生涡流损耗，涡流损耗会随着母线工作电流的增加而急剧增大，使穿墙套管板发热，图 6－10 所示为红外检测到穿柜套管安装板过热。

图 6－10　红外检测到穿柜套管安装板过热

图 6－11　穿柜套管低磁隔板

在夏季高负荷期间，这个问题尤为突出，严重影响母线的载流量和电气元件的工作性能、穿墙套管本体的正常工作、整条线路的安全运行和可靠供电，甚至危及人身安全。因此需采用低磁材料以减少穿柜套管安装板发热。

3. 整改措施

在设计联络会纪要中应予以明确，在厂内验收时若发现不满足该条件，应强制制造厂执行此规定，采用低磁材料制作安装板，如图 6－11 所示。

第 115 条　开关柜内无论是否加装绝缘材料，均需满足空气绝缘净距离要求

1. 工艺差异

开关柜内无论是否加装绝缘材料，均需满足空气绝缘净距离要求。《国家电网有限公司十八项电网重大反事故措施（修订版）》第 12.4.1.2.3 条规定：“新安装开关柜禁止使用绝缘隔板。即使母线加装绝缘护套和热缩绝缘材料，也应满足空气绝缘净距离要求”。部分制造厂为减小开关柜体积降低成本，采用绝缘隔板和绝缘材料封装，以达到压缩柜内导体空气绝缘距离的目的。这样的做法将导致开关柜安装完毕后，部分导体的空气绝缘净距离不满足要求。

2. 分析解释

高压设备为了能够达到设计的绝缘性能，采取了一系列措施，保持足够的空气绝缘静距离是最基本的指标。根据试验，如果采用绝缘隔板、热缩套、加强绝缘或固体绝缘封装，能够适当降低空气绝缘净距离的要求。

但是所有的绝缘材料都是会老化的，在空气、水分和电场的作用下，绝缘材料老化后性能降低，达不到设计的绝缘性能，此时若空气绝缘净距离不足，就容易发生短路接地故障。此外，一些绝缘材料（如绝缘隔板）长时间后会变形，产生局部放电，影响设备的正常运行。

如图 6-12 所示，母排引至避雷器的导线虽外包绝缘套，但其相间空气绝缘净距离不足，需重新制作安装该引线，增大相间、相对地空气绝缘净距离。

图 6-12 避雷器的引线用绝缘材料封装，但空气绝缘净距离不足

不同电压等级下空气绝缘净距离要求见表 6-1。

表 6-1 不同电压等级下空气绝缘净距离要求

额定电压/kV		7.2	12	24	40.5
空气绝缘净距离/mm	相间和相对地	≥100	≥125	≥180	≥300
	带电体至门	≥130	≥155	≥210	≥330

3. 整改措施

在设计联络会纪要中应予以明确，在厂内验收或竣工验收时若发现不满足该条件，应强制制造厂整改合格。整改前后如图 6-13 和图 6-14 所示。

图 6-13 整改前：绝缘距离不足，使用绝缘隔板

图 6-14 整改后：拆除绝缘隔板，改用更窄的母排来扩大空气绝缘净距离

第 116 条 开关室母线桥架应安装鱼鳞板防爆窗

1. 工艺差异

开关室母线桥架应安装鱼鳞板防爆窗，优先对开关室进出线桥架每隔 3m 加装一个鱼鳞板防爆窗，防爆窗尺寸宽度一般为 50cm，长度即桥架宽度；鱼鳞蜂窝状的网孔要求小于 1mm，并满足 IP4X 要求。部分开关室的桥架无防爆窗，或防爆窗不能满足防爆

要求、安装密度不够，存在一定的安全隐患。

2. 分析解释

高压开关柜在电力系统中普遍应用，设备的安全性越来越受到重视，而保证人身安全则是重中之重。开关柜在长期使用过程中由于周围环境的变化、绝缘件性能的下降、误操作等各种原因会造成开关柜发生事故，其中对人身和设备危险最大的当属内部电弧故障。发生内部电弧故障时，会产生强功率、高温度的电弧，使柜内气体温度骤升，也会使绝缘材料和金属材料产生汽化现象，这些现象在短时间内会造成隔室内和柜内压力骤升，如果开关柜未能及时泄压，将会导致开关柜无法承受内部压力而发生爆炸，对周围设备及工作人员造成伤害。

为此，我国标准对开关柜内部电弧试验提出了明确的要求，要求开关柜验证内部电弧时不允许有碎片和单个质量60g及以上的部件飞出。

开关柜内的封闭环境使得内外热量传导不畅，目前开关柜虽然都设有泄压装置，并且种类繁多，部分产品虽然能满足内部电弧发生时快速泄压，能保证碎片和单个质量60g及以上的部件不飞出，但其散热效果差，尤其在桥架内，因为桥架距离长，空间大，其设备散热需求很高，而随着目前电网负荷不断提高，流过桥架内母线的电流也有增高的趋势，大电流带来的热效应使得桥架的散热问题格外突出。鱼鳞板防爆窗能够在维持防爆等级的基础上，增强空气流通，从而增强桥架的散热功能，是高质量开关柜必不可少的结构。

3. 整改措施

对开关室母线桥架未安装防爆窗口的，优先对开关室进出线桥架每隔3m加装一个鱼鳞板防爆窗，如图6-15所示。防爆窗尺寸宽度一般为50cm，长度即桥架宽度；鱼鳞蜂窝状的网孔要求小于1mm，满足IP4X要求。

图6-15 加装鱼鳞板防爆窗

第117条 小母线应采用阻燃电缆或加装小母线隔板

1. 工艺差异

开关柜小母线应采用阻燃电缆或加装小母线隔板，部分制造厂开关柜小母线未采用阻燃电缆或未加小母线隔板，如小母线发生火灾易引起事故扩大化。

2. 分析解释

开关柜柜顶小母线分为直流小母线和交流小母线，为开关柜提供测量、计量及保护装置电源。若小母线采用裸母线且未加装隔板，如有异物进入则易导致小母线短路，直流母线的短路电流电弧没有自然过零点，难以熄灭，易引起火灾事故。因此小母线应采用阻燃电缆，或在相邻母线之间加装绝缘隔板。图 6-16 为开关柜立体图和截面图。

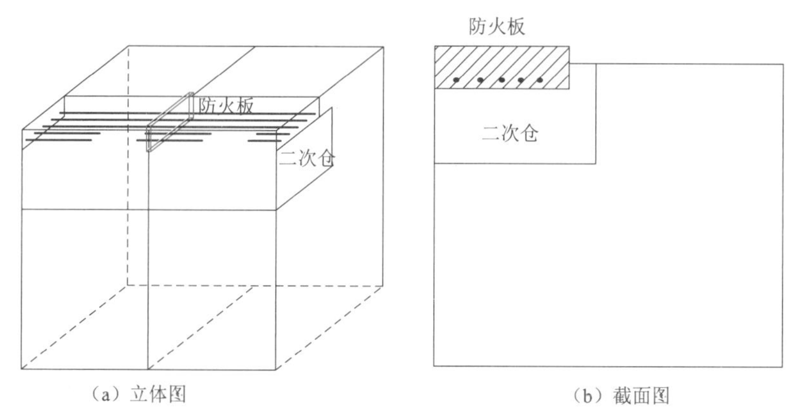

（a）立体图　　（b）截面图

图 6-16　开关柜立体图和截面图

3. 整改措施

在设计联络会纪要中应予以明确，验收时若发现不满足要求，应要求制造厂按此规定整改，如图 6-17 所示。

图 6-17　加装小母线绝缘隔板

6.2 开关柜选材

第118条 柜内绝缘件（如绝缘子、套管、隔板和触头盒等）应采用阻燃绝缘材料，并要求提供柜内绝缘件的老化试验报告和凝露试验报告

1. 工艺差异

柜内绝缘件（如绝缘子、套管、隔板和触头盒等）应采用阻燃绝缘材料，并要求提供柜内绝缘件的老化试验报告和凝露试验报告。部分制造厂未提供柜内绝缘件的老化试验报告和凝露试验报告；柜内导体绝缘护套未提供相应型式试验报告。

2. 分析解释

开关柜内绝缘件（如绝缘子、套管、隔板和触头盒等）严禁采用酚醛树脂、聚氯乙烯及聚碳酸酯等有机绝缘材料，应采用阻燃绝缘材料，并要求提供柜内绝缘件的老化试验报告（依据GB 3906—2020《3.6kV～40.5kV交流金属封闭开关设备和控制设备》附录B）和凝露试验报告（依据DL/T 593—2016《高压开关设备和控制设备标准的共用技术要求》。

3. 整改措施

在设计联络会纪要中应予以明确，验收时要求制造厂提供柜内绝缘件的老化试验报告和凝露试验报告、柜内导体绝缘护套的型式试验报告。

第119条 开关柜活门机构应有独立锁止结构

1. 工艺差异

开关柜活门机构应有独立锁止结构。部分制造厂开关柜活门机构无此结构，无法上锁，增加了人员误打开活门触碰带电设备的风险。

2. 分析解释

如图6-18所示，活门机构是开关柜内部的一种部件，安装在手车室的后壁上，用以封闭开关柜内静触头。手车从试验位置移动到工作位置过程中，活门自动打开，动、静触头接合，反方向移动手车则动、静触头分离，活门关闭，从而保障了操作人员不触及带电体。当开关及线路改检修时，手车拉至柜外，母线未停电，开关柜内母线侧静触头带电，则应将母线侧活门挡板上锁，防止人员误打开活门触及带电部位。因此要求开关柜活门机构应有独立锁止结构，如图6-19所示。

3. 整改措施

在设计联络会纪要中应予以明确，在厂内验收时若发现活门不能上锁，应要求制造厂在活门机构上增设锁止结构。

图 6-18 活门机构

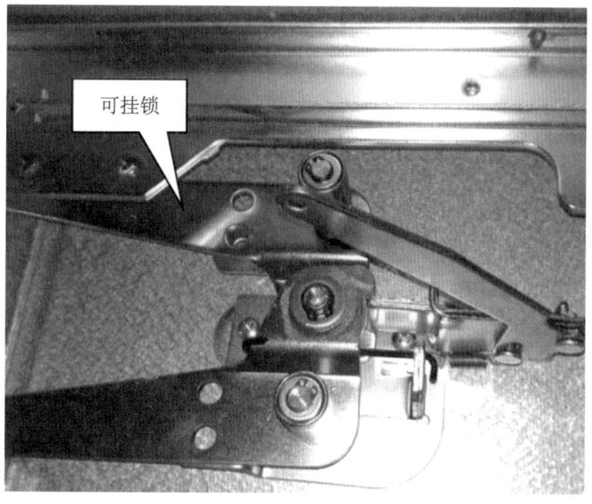

图 6-19 活门的独立锁止结构

第 120 条 用于开合电容器组的真空断路器必须通过开合电容器组的型式试验并应提供老炼试验报告

1. 工艺差异

用于开合电容器组的真空断路器必须通过开合电容器组的型式试验，应满足 C2 级的要求，并应提供具有试验资质的第三方出具的断路器整体老炼试验报告。《国家电网有限公司十八项电网重大反事故措施（修订版）》第 12.1.1.2 条规定："投切并联电容器、交流滤波器用断路器型式试验项目必须包含投切电容器组试验，断路器必须选用 C2 级断路器。真空断路器灭弧室出厂前应逐台进行老炼试验，并提供老炼试验报告；用于投切并联电容器的真空断路器出厂前应整台进行老炼试验，并提供老炼试验报告。"制造厂往往未提供由具有试验资质的第三方出具的断路器整体老炼试验报告。

2. 分析解释

7.2～40.5kV 系统中大量使用真空断路器开合电容器组，如果其真空灭弧室内有未被金属屏蔽罩复合的带电粒子或金属蒸汽残余进入触头之间，或触头表面存在加工残留的金属微粒、微观突出物、附着物等，当真空断路器开断电容器组时，若首开相断口两端达到 2.5 倍相电压，这些微粒轰击电极表面而引起金属蒸发，产生电荷迁移，引起触头间绝缘击穿（重燃）。特别是发生多相同时击穿或多次击穿时，将在电容器等设备上产生很高的过电压，对地过电压可达 5 倍以上，电容器极间过电压达 2～3 倍，对并联补偿装置和电力系统安全运行造成很大的威胁。

C1 级断路器开断容性电流时具有小概率重击穿概率；C2 级断路器开断容性电流时具有极小重击穿概率。用于开合电容器组的真空断路器必须通过开合电容器组的型式试验，应满足 C2 级的要求。

12kV 和 40.5kV 真空断路器的早期重燃率一般约为 1.0%和 4.0%，通过老炼试验，能够有效消除真空断路器的早期重燃，有效降低真空断路器实际运行期间的重燃率。

所谓老炼试验，就是通过一定的工艺处理，消除灭弧室内部的毛刺、金属和非金属微粒及各种污秽物，改善触头的表面状况，使真空间隙耐电强度大幅提高；还可改变触头表面的晶格结构，降低冷焊力，增加材料的韧性，使触头材料更不容易产生脱落，大大降低真空灭弧室的重燃率。因此，用于开合电容器组的真空断路器投运前必须进行高压大电流老炼试验。

3. 整改措施

在设计联络会纪要中应予以明确，用于开合电容器组的真空断路器必须通过开合电容器组的型式试验，满足C2级的要求，并应提供具有试验资质的第三方出具的断路器整体老炼试验报告，验收时应明确要求制造厂提供该试验报告。

第121条　采用位置指示灯、带电显示器、温湿度控制装置分离的指示器

1. 工艺差异

开关柜位置指示灯、带电显示器、温湿度控制装置应相互独立。但部分开关柜制造厂采用位置指示灯、带电显示器、温湿度控制装置集成一体的状态指示器，故障率较高，增加了检修维护成本。

2. 分析解释

近几年，高压开关柜呈现出小型化、集成化的发展趋势，状态指示器应运而生，它将位置指示灯、带电显示器、温湿度控制装置集成一体，一定程度上节约了空间，如图6-20所示。但在设备运行后，状态指示器的故障率往往较高。图6-21为状态指示器故障烧毁。

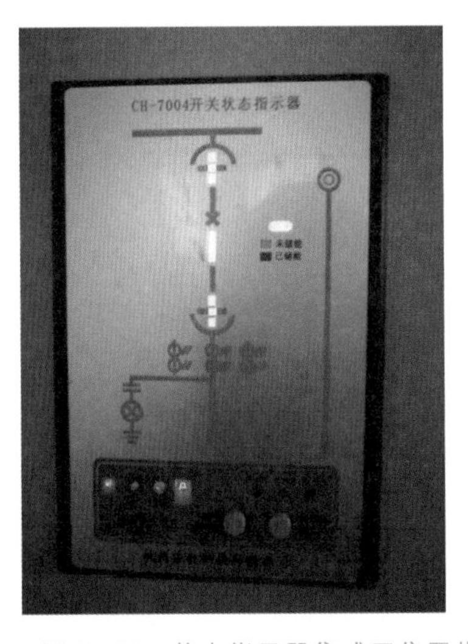

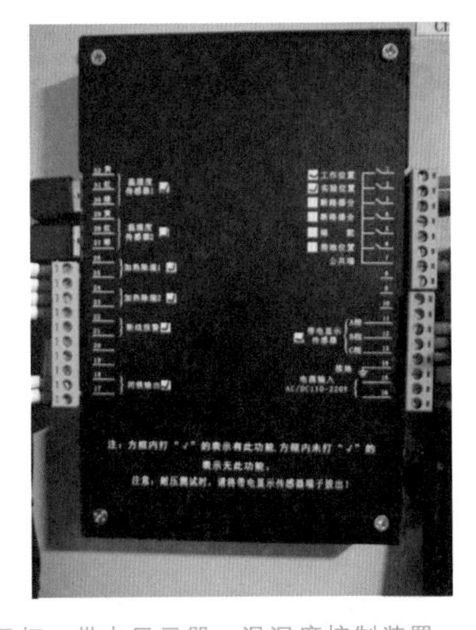

图6-20　状态指示器集成了位置指示灯、带电显示器、温湿度控制装置

根据近年故障统计，状态指示器的故障率较高，甚至大于位置指示灯、温湿度控制器和带电显示闭锁装置的总和，如图6-22所示故障率统计图。因为集成一体的状态指

示器构成元件较多，可靠性降低，往往一个元件损坏就需要更换整个指示器。

图 6-21 状态指示器故障烧毁

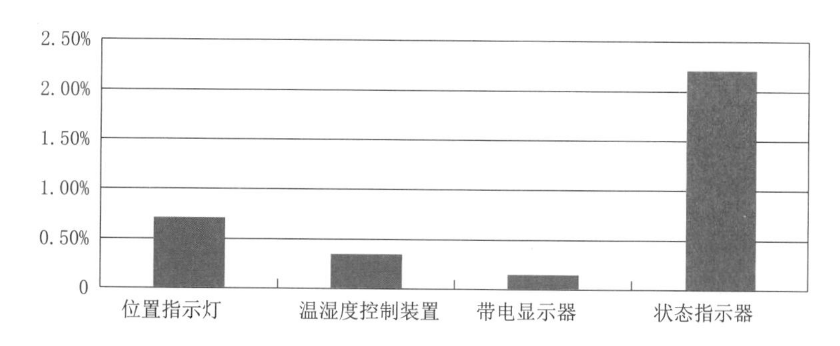

图 6-22 近年位置指示灯、温湿度控制装置、带电显示器和状态指示器故障率统计图

并且根据计算，一个状态指示器的价格要高于位置指示灯、带电显示器和温湿度控制装置的总和，见表 6-2 所示各类设备平均价格。

表 6-2 位置指示灯、温湿度控制装置、带电显示器和状态指示器平均价格

设备	位置指示灯	温湿控制装置	带电显示器	总和	状态指示器
平均价格	20 元×5 只	2000 元	3000 元	5100 元	10000 元

实际上开关柜仪表仓对节省空间并没有太大要求，没有必要将这些元器件高度集成起来，因此采用相互独立的位置指示灯、带电显示器和温湿度控制装置，可一定程度上减少零部件故障造成的影响，并降低投运后的运行维护更换成本。

3. 整改措施

在设计联络会纪要中应予以明确，在厂内验收时若发现不满足该条件，应要求制造厂执行此规定，采用位置指示灯、带电显示器、温湿度控制装置分离的指示器。整改前后如图 6-23 和图 6-24 所示。

图 6－23　整改前：采用状态指示器

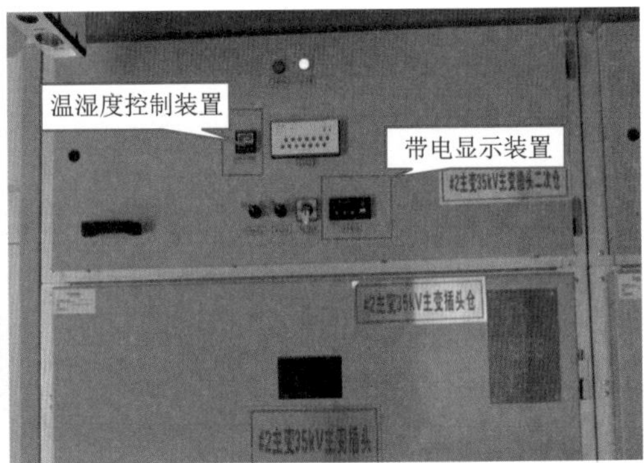

图 6－24　整改后：位置指示灯、带电显示器、温湿度控制装置分离

第 122 条　开关柜带电显示器应为强制闭锁型的带电显示器

1. 工艺差异

带电显示装置除显示设备是否带有运行电压外，还应能够在相应部位带电时强制闭锁接地开关。《国家电网有限公司十八项电网重大反事故措施（修订版）》第 12.4.1.1 条规定："开关柜应选用 LSC2 类（具备运行连续性功能）、'五防'功能完备的产品。新投开关柜应装设具有自检功能的带电显示装置，并与接地开关（柜门）实现强制闭锁，带电显示装置应装设在仪表室"。部分制造厂开关柜选用的带电显示器只有提示是否带电功能，没有闭锁功能。

2. 分析解释

运行人员往往通过观察高压带电显示器来判别设备、线路是否带电，作为打开柜门或操作接地开关的依据。目前大部分高压带电显示器采用氖灯作为显示元件，经过长时间运行后，氖灯故障率增高，易失去指示效果；且氖灯亮度低，在特别明亮的环境里显示效果差。因此观察这类带电显示器的闪烁情况来判断设备是否带电的方法存在严重的安全隐患，可能造成误入带电间隔、带电误合接地开关的严重安全事故。

因此，应使用强制闭锁型带电显示器，通过装置输出闭锁节点，与电磁锁连接，控制电磁锁的解闭锁，从而防止由于带电显示器氖灯故障导致的误入带电间隔或带电误合接地开关事故。《国家电网有限公司十八项电网重大反事故措施（修订版）》第 12.4.3.1 条规定："加强带电显示闭锁装置的运行维护，保证其与接地开关（柜门）间强制闭锁的运行可靠性"。

3. 整改措施

在设计时应确认带电显示器具有强制闭锁功能，验收时若发现开关柜不满足该条件，应强制制造厂按设计要求选用强制闭锁型带电显示器。整改前后如图 6－25 和图 6－26所示。

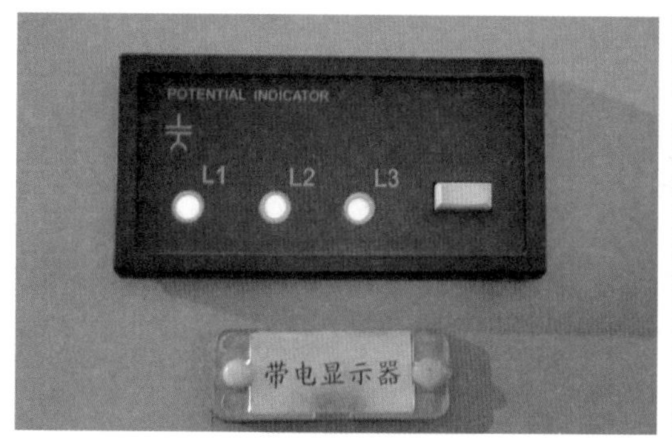

图 6-25 整改前：带电显示器无强制闭锁功能

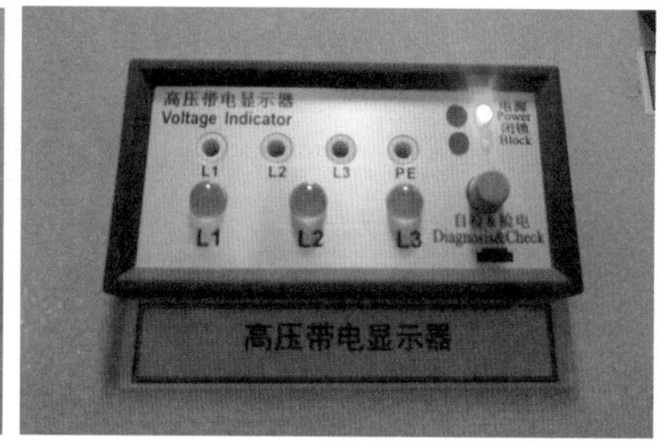

图 6-26 整改后：带电显示器具备强制闭锁功能

第 123 条 主变开关柜及两侧装气熔胶灭火装置

1. 工艺差异

主变开关柜及两侧需安装气熔胶灭火装置，但开关柜制造厂并无此设计。

2. 分析解释

开关柜一旦发生火灾，由于柜与柜之间排列紧密，如不及时采取措施，易导致事故扩大化。气溶胶灭火装置是一种自动灭火的消防设备，具有明显的技术优点，能够快速响应、自发启动，起到早期抑制、高效灭火的作用，已在电力行业得到广泛应用，图 6-27为气溶胶灭火装置。

3. 整改措施

开关柜安装时应加装气溶胶灭火装置，必要时可由运行单位提供，并指导施工单位完成安装，如图 6-28 所示。

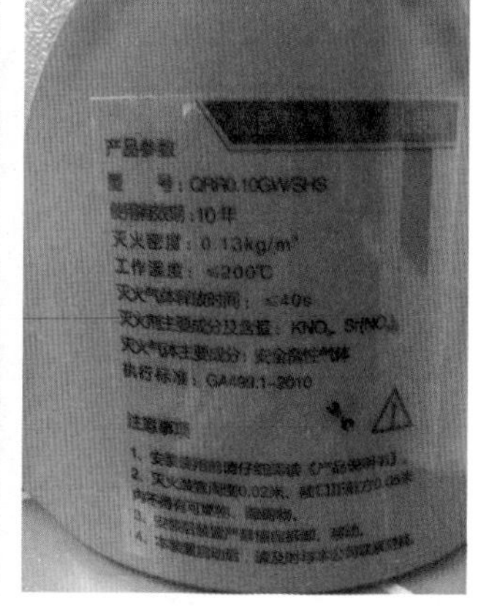

图 6-27 气溶胶灭火装置

图6-28 加装气溶胶灭火装置

6.3 开关柜安装

第124条 接地开关要求两侧接地，单侧接地排截面积不小于120mm²

1. 工艺差异

开关柜接地开关应两侧接地（两点接地），单侧接地排截面积不小于120mm²。部分制造厂开关柜接地开关不满足两侧接地或接地排截面积不足。

2. 分析解释

为保证接地可靠性，接地开关应两侧接地（两点接地），且单侧接地排截面积不小于120mm²。

3. 整改措施

在设计联络会纪要中应予以明确，在厂内验收时若发现不满足该条件，应强制制造厂按此要求整改，如图6-29所示。

图6-29 开关柜接地开关应两侧接地，且单侧接地排截面积不小于120mm²

第125条 10kV开关柜后柜门固定方式应采用铰链固定

1. 工艺差异

10kV开关柜后柜门固定方式应采用铰链固定，以便于运行操作。部分制造厂开关柜后柜门仍采用镙丝固定。

2. 分析解释

运行人员停电操作时有时打开开关柜后柜门，若后柜门采用镙丝固定，则需松开所有固定镙丝，才能打开后柜门，操作繁琐，工作量较大；若后柜门一侧采用铰链固定，则无需拆除全部镙丝柜门即可打开，工作量较少。

采用镙丝固定的后柜门，在安装与拆除时都容易出现螺丝与螺孔未完全对正、螺丝难以拧动的情况，强行装拆易导致滑牙；拆下后柜门后还需将柜门搬运至其他位置，避免影响工作。采用铰链固定的后柜门则无上述缺陷，便于检修维护。

3. 整改措施

在设计联络会纪要中应予以明确，在厂内验收时若发现后柜门未采用铰链固定，应强制制造厂按此要求整改，如图6-30所示。

图6-30 采用铰链固定的后柜门

第126条 开关柜电缆搭接处距离柜底应大于700mm，采用双孔搭接

1. 工艺差异

《国家电网有限公司十八项电网重大反事故措施（修订版）》第12.4.2.3条规定："柜内母线、电缆端子等不应使用单螺栓连接。导体安装时螺栓可靠紧固，力矩符合要求"。第12.4.1.11条规定："电缆连接端子距离开关柜底部应不小于700mm"。部分制造厂电缆搭接仍采用单孔连接，电缆搭接处距离开关柜底部低于700mm。

2. 分析解释

开关柜电缆搭接处距离柜底应大于700mm，保证电缆安装后伞裙部分高于柜底板，不被柜底板分开；保持电缆室的密封性能，防止小动物进入造成短路故障或设备损伤。

为保证电缆搭接可靠，电缆搭接排不得采用单螺栓连接，而是要求采用双孔2-ϕ13、上下布置，孔边距40mm，孔边距搭接排边缘大于20mm。

3. 整改措施

在设计联络会纪要中应予以明确，在厂内验收时若发现不满足该条件，应强制制造厂执行此规定。

第 127 条　开关柜内安装的零序电流互感器应采用开合式结构，孔径 180mm

1．工艺差异

零序电流互感器应安装在开关柜内，采用开合式结构。部分制造厂未采用开合式结构，导致安装难度较大，在穿电缆过程中可能对电缆及伞裙造成损伤。

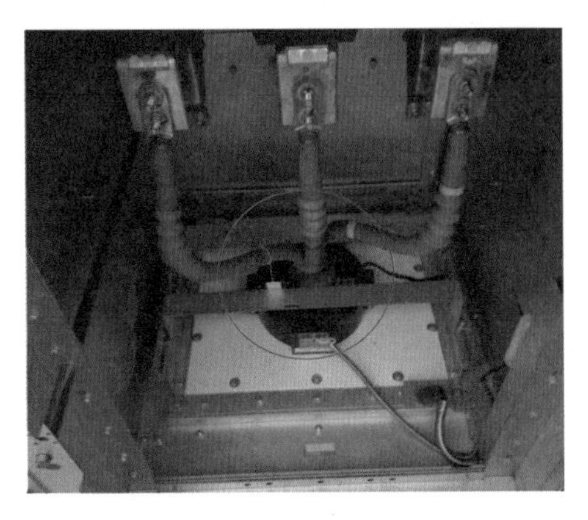

图 6－31　开关柜内零序电流互感器安装结构图

2．分析解释

零序电流互感器用于检测穿过这只互感器的主回路上的不平衡电流。如图 6－31 所示，安装时将三相电缆一起穿过零序电流互感器，当三相负荷平衡时，零序电流值为 0；当某一项发生接地故障时，产生一个单相接地故障电流，此时检测到的零序电流等于三相不平衡电流与单相接地电流的矢量和。

零序电流互感器应安装在柜内，并有可靠的支架固定。从安装和检修方面考虑，整体式零序电流互感器安装时穿电缆过程中可能对电缆及伞裙造成损伤，在检修更换时必须重新制作电缆头，增加了检修难度及工作量，因此应尽量选用开合式结构。

3．整改措施

在设计联络会纪要中应予以明确，在厂内验收时若发现零序电流互感器不是开合式结构，应要求制造厂选用开合式零序电流互感器。

第 128 条　大电流开关柜的动、静触头应用四颗或以上螺栓固定

1．工艺差异

大电流开关柜的动、静触头应用四颗或以上螺栓固定。部分制造厂的产品仅用一颗固定螺栓。

图 6－32　触头盒的母排上仅有一个螺丝孔

2．分析解释

大电流开关柜的动、静触头应用四颗或以上螺栓固定，一方面是可保证触头与母排接触的可靠性，降低接触面回路电阻值，减少大电流经过时引起的触头发热；另一方面用四颗或以上螺栓固定可充分保证触头与母排固定的可靠性，防止由于开关动作振动导致螺栓松动造成触头移位。如图 6－32 所示，触头盒的母排

上仅有一个螺丝孔，极易造成触头松动移位，接触面回路电阻增大，引起触头过热。

3. 整改措施

在设计联络会纪要中应予以明确，验收时要求制造厂在大电流开关柜的动、静触头安装时，采用四颗或以上螺栓固定的方式。整改前后如图 6-33 和图 6-34 所示。

图 6-33 整改前：用一颗螺栓固定静触头

图 6-34 整改后：增加四颗螺栓，用五颗螺栓固定静触头

第 129 条 柜内二次线固定采用金属材料

1. 工艺差异

二次线缆固定采用带塑料保护层的专用金属扎丝，其截面积不小于 0.5mm²，严禁采用吸盘、不干胶等固定方式。但部分制造厂仍使用塑料绝缘扎带绑扎。

2. 分析解释

为防止开关柜柜内二次线散落触及带电导体，需对二次线采取固定措施。部分制造厂为节约成本，采用塑料材质的绝缘扎带进行绑扎固定，如图 6-35 所示。由于塑料绝缘扎带易老化，运行时间长后容易劣化脱落导致二次线失去固定，存在安全隐患，因此需采用金属材料固定二次线。

图 6-35 二次线固定采用塑料材质的绝缘扎带

3. 整改措施

在设计联络会纪要中应予以明确，在厂内验收时若发现制造厂仍使用塑料扎带，应要求制造厂更换为金属扎丝。

第130条　大电流开关柜应安装排风冷却装置，柜顶风机应为满足不停电更换的安装方式

1. 工艺差异

大电流柜应安装排风冷却装置，柜顶排风扇应为满足不停电更换的安装方式。部分制造厂开关柜的风机安装方式不满足不停电更换的要求，导致风机故障更换时造成设备重复停电。

2. 分析解释

金属封闭式开关设备运行时，因柜内发热元器件比较多，温升过高会引起设备的机械性能和电气性能下降，最后导致高压电器的工作故障，甚至造成严重事故。因此必须将柜内温升控制在标准规定的允许温度内，在开关柜结构设计中，就要考虑到散热和通风的设计。对流散热是开关柜散热的主要途径，大电流柜的柜内、柜顶安装风机，以强制对流的方式带走柜内热量，控制柜内温升。

由于风机安装数量较多，运行时间往往较长，故障率相对较高，考虑到便于今后对故障风机进行检修，要求柜顶风机设置应为满足不停电更换的安装方式，避免因风机故障导致不必要的停电。

如图6-36所示，风机底部通过蜂窝状隔板与开关柜隔室隔开且不影响空气流通，更换风机时只需打开风机顶部盖板，无触及开关柜内带电部分的可能，因此可以带电更换风机。

图6-36　可带电更换的柜顶风机

3. 整改措施

在设计联络会纪要中应予以明确，在厂内验收时若发现开关柜风机不满足该条件，应强制制造厂执行此规定，采取可不停电更换风机的安装方式。整改前后如图6-37和图6-38所示。

图 6-37 整改前：风机拆除后无护网保护，运行中不可以拆除，不可带电更换

图 6-38 整改后：风机拆除后有护网保护，运行中可以拆除，可带电更换

第 131 条 大电流开关柜应加装风机，风机应具备自动和手动启动功能，自动启动时采用电流或温度控制

1. 工艺差异

大电流开关柜应加装风机，风机应具备自动和手动启动功能，自动启动时采用电流或温度控制，当电流达到额定值的 60%或者温度达到 50℃时自动启动，电流达到额定值的 50%或者温度达到 40℃时返回。目前部分开关柜制造厂风机仍不具备自动启动功能。

2. 分析解释

大电流开关柜指的是额定电流 2500A 及以上的主变进线柜和母线联络柜，它们运行时的电流大，对散热的需求高。采用风机来强制提高柜内冷却空气的流速，对开关柜的安全可靠运行有重要的作用。目前常见的风机控制方式有：手动控制、温度达到某一设定值时启动风机、电流达到某一设定值时启动风机。由于手动控制准确性低，而保持风

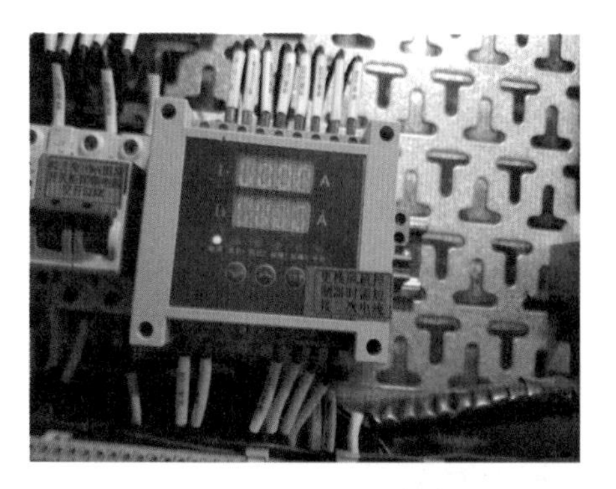

图6-39 加装风机控制器

机长时间运行又会减少风机寿命，导致风机故障率增加，因此单纯的手动控制不能满足开关柜安全稳定运行的要求，要求风机增加自动启动的功能，使其同时具备手动启动和自动启动两种运行模式。

3. 整改措施

在设计联络会纪要中应予以明确，在厂内验收时若发现风机不具备自动启动功能，应要求制造厂按此规定整改，如图6-39所示。

第132条 开关手车操作孔、开关柜柜门（把手）、接地开关应有明显标志和防误操作功能

1. 工艺差异

开关手车操作孔、开关柜柜门（把手）、接地开关应加装挡片，具备挂机械编码锁条件，手车操作孔、接地开关操作孔旁应有明确的标识、位置指示和操作方向指示。部分制造厂开关柜的手车操作孔、接地开关操作孔旁无明确标识、位置指示和操作方向指示，运行人员可能误操作造成设备损坏，严重时将引发安全事故。

2. 分析解释

开关柜手车、柜门、接地开关的联锁应满足：

（1）手车在工作位置时，接地开关无法合闸。

（2）接地开关在合闸位置时，手车无法从试验位置摇至工作位置。

（3）开关柜柜门打开时，手车无法摇至工作位置。

（4）手车在工作或中间位置时，柜门无法打开。

（5）接地开关在分闸位置时，电缆室柜门无法打开。

（6）电缆室柜门打开时，接地开关无法操作。

开关柜手车操作孔、开关柜柜门（把手）、接地开关应加装挡片，使其具备挂机械编码锁条件，同时在手车操作孔、接地开关操作孔旁设置明确的标识，指示当前位置和操作方向，有利于减小运行人员误操作的可能，提高作业安全。

3. 整改措施

在设计联络会纪要中应予以明确，在厂内验收时若发现不满足该条件，应要求制造厂按此规定整改，如图6-40所示。

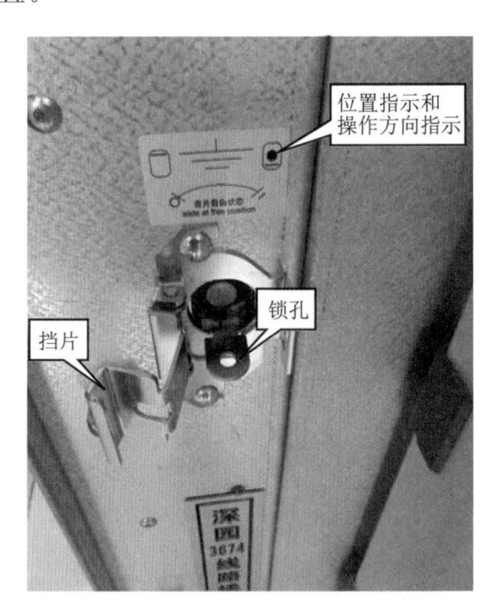

图6-40 接地开关操作孔挡板及标识

第133条 非典型柜需由制造厂提供三维内部结构示意图，并粘贴于后柜门上

1. 工艺差异

非典型柜（如主变进线柜、压变避雷器柜、分段开关柜、分段隔离柜）需由制造厂提供三维内部结构示意图，并粘贴于后柜门上；部分制造厂未提供内部示意图，作业人员在对内部布置结构不清楚的情况下可能误开后柜门，触碰带电设备，造成人身事故。

2. 分析解释

非典型柜内部结构与普通出线柜不同，在后柜门上粘贴内部三维结构图，安装时便于施工单位按照结构图正确安装母线，停电检修时便于工作人员判断区分停电部位与带电部位，防止误入带电间隔。非典型柜三维示意图如图6-41所示。

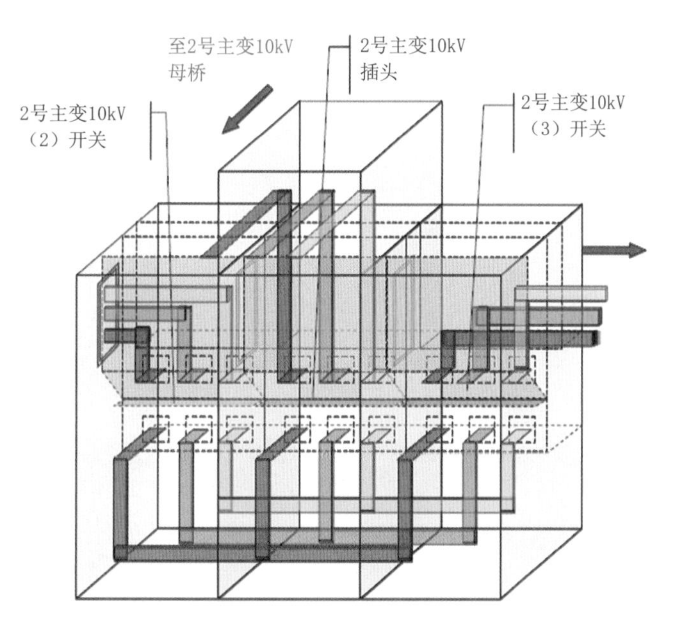

图6-41 非典型柜三维示意图

3. 整改措施

在设计联络会纪要中应予以明确，在厂内验收时若发现非典型柜无三维结构示意图，应要求制造厂按此规定补充，如图6-42所示。

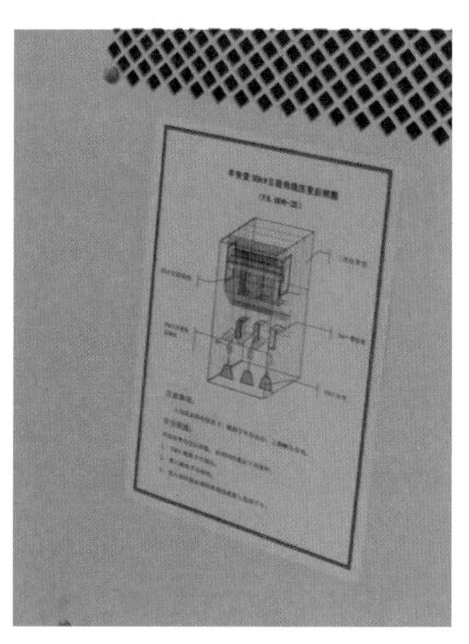

图6-42 在非典型柜后粘贴三维结构示意图

第 134 条　二次线与加热器的距离应至少为 50mm

1. 工艺差异

开关柜内二次线与加热器的距离应至少为 50mm，部分开关柜内加热器与柜内二次线距离低于 50mm，加热器工作过程中可能将二次线烧毁。

2. 分析解释

为驱除开关柜内潮气，柜内需加装加热器，加热器运行时产生一定的热量，因此规定开关柜内二次线与加热器的距离应至少为 50mm，防止加热器将附近的二次线烧毁造成故障。

3. 整改措施

验收时若发现柜内二次线与加热器的距离少于 50mm，应要求制造厂调整二次线布置或加热器位置，确保二次线与加热器的距离不少于 50mm。整改前后如图 6－43 和图 6－44所示。

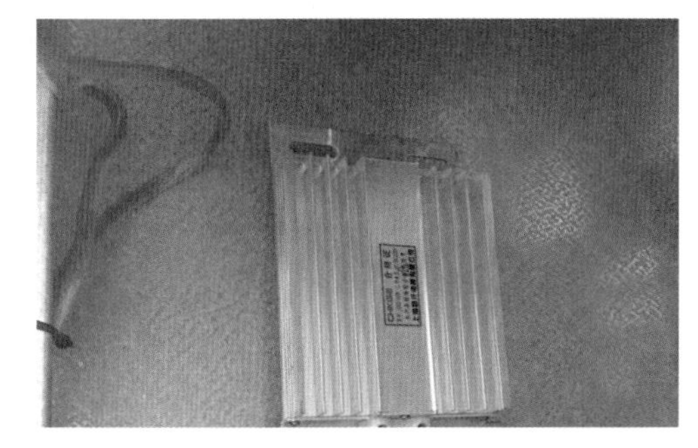

6－43　整改前：加热器距离二次线不足 50mm

图 6－44　整改后：加热器距离二次线超过 50mm

第 135 条　开关柜防误电源应独立，不与照明装置合用开断设备

1. 工艺差异

开关柜防误装置电源应独立，不与柜内照明装置合用一个开断设备。部分制造厂开关柜的防误装置与柜内照明装置合用一个开断设备。

2. 分析解释

开关柜防误装置是确保设备和人身安全、防止误操作的重要措施，其主要功能有：

(1) 防止误分、合断路器。

(2) 防止带负荷分、合隔离开关。

(3) 防止带电挂（合）接地线（接地开关）。

(4) 防止带接地线（接地开关）合断路器（隔离开关）。

(5) 防止误入带电间隔。

这五个功能是保证人身、电网、设备安全的基础，防误闭锁装置不可靠有可能导致误入带电间隔、带地线合闸、带电合接地开关（地线）等误操作事故，并有可能造成事故范围扩大、恢复送电时间延长、负荷损失加大、事故定级增高等一系列更加严重的后果。

若防误装置与柜内照明装置合用一个开断设备，就是将防误操作装置与照明、加热等回路绑定。而照明、加热等回路的可靠性较低，容易发生由于故障引起空气开关跳闸，导致防误装置失电的情况。

因此为了提高开关柜防误装置的稳定性，开关柜防误装置需设有独立的工作电源。

3. 整改措施

在设计中，应采用防误装置与照明装置各自配置一个开断设备的设计。对于运行中的设备，开关柜防误电源与照明装置合用开断设备的，应结合停电进行改造。整改前后如图 6-45 和图 6-46 所示。

图 6-45 整改前：闭锁回路与照明回路使用同一个空开

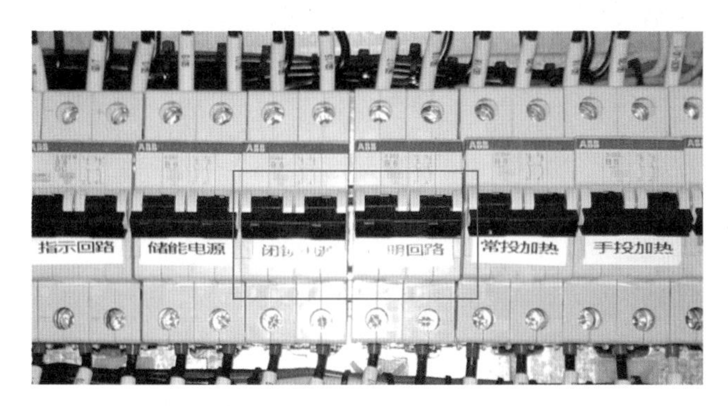

图 6-46 整改后：闭锁回路与照明回路分开设置

第 136 条 开关柜制造厂应提供触头镀银层检测报告

1. 工艺差异

开关柜制造厂应提供触头镀银层检测报告作为触头镀银层合格依据。《国家电网有限公司十八项电网重大反事故措施（修订版）》第 12.4.1.12 条规定："开关柜内母线搭接面、隔离开关触头、手车触头表面应镀银，且镀银层厚度不小于 8μm"。目前部分制造厂的触头镀银层厚度不足，并且未提供此报告。

2. 分析解释

为了使高压开关柜可靠运行，降低开关触头发热，静触头和梅花触头铜件表面需进行镀银处理，镀层达到一定厚度时可提高接触点的导电能力和抗氧化能力。

若开关柜的触头不进行镀银，新投运时的影响可能并不明显。但随着运行时间的增加，触头表面发生氧化和电化学腐蚀，触头的接触电阻增大；随着社会经济发展，用电负荷增大，触头承载电流也将增大。电阻和电流增大后触头将产生发热，严重的发热将影响设备寿命，严重者甚至发生短路故障引起开关柜爆炸。图6-47所示为未进行镀银处理的触头。因此目前所有开关触头均需要进行镀银，但由于镀银的成本昂贵，部分制造厂为了节约成本，采用了镀银层厚度不足的触头。镀银层厚度不足的触头在投运初期同样不会对设备造成明显的影响，但随着开关触头操作次数的增加，触头间反复摩擦，镀银厚度缓慢变薄，最终使触头的铜材质裸露，引起发热。如图6-48所示为对触头进行检测发现镀银层厚度不足。

图6-47 未镀银触头

图6-48 测量镀银层厚度不足

由于验收时很难对每台开关每个触头进行检测，因此需制造厂提供第三方触头镀银层检测报告作为验收依据。

3. 整改措施

督促制造厂提高镀银层质量，镀银层厚度不小于8μm。同时提供第三方出具的镀银层检测报告，在厂内验收时若发现无镀银层检测报告，应要求制造厂补充该报告。

第137条 大电流开关柜应做母线至出线整体回路电阻测试

1. 工艺差异

开关柜安装时应保证各个接触面回路电阻符合要求。施工单位往往只提供断路器的回路电阻测试报告，对母线至出线之间的各接触面回路电阻值未进行测量。

2. 分析解释

随着社会经济的发展，供电负荷逐年增加，各类开关柜过热问题凸显，尤其是10kV开关柜，因其自身结构原因，柜体采用封闭结构，产生的热量无法及时排出，加之触头部位持续发热，柜内热量积累及极易造成绝缘件的绝缘水平降低，最终造成短路、击穿。此前已发生多起因过热造成的开关柜燃烧、爆炸事件。特别是大电流开关柜，在高温高负荷期间，过热问题较普遍，出线柜要更为严重。

从对开关柜过热的巡查情况来看，发现开关柜过热主要集中在触头的发热上，并且有少数几个变电站问题较为严重，出现如图 6-49 所示的触头严重过热变形导致烧坏脱落的情况。因此确保动、静触头接触可靠和接触电阻合格对于避免开关柜过热有着重要的意义。而当开关柜手车在工作位置时，触头的接触电阻难以直接测量，需采取测量母线至出线整体的回路电阻来间接判断动静触头接触是否可靠，图 6-50 为使用回路电阻测试仪进行电阻测量。因此要求开关柜安装后施工单位应提供母线至出线之间的整体回路电阻值测试报告，可以有效提高验收效率及验收质量。

图 6-49 触头严重过热变形导致烧坏脱落

图 6-50 回路电阻测试仪

3. 整改措施

要求施工单位对大电流开关柜进行从母线至出线整体回路电阻测试，并提供相应试验报告，如图 6-51 所示。

图 6-51 做母线至出线整体回路电阻测试

第138条　开关柜应满足前柜验电要求

1. 工艺差异

开关柜应满足前柜验电要求，柜内隔板应拆除或预留出验电孔；部分制造厂开关柜下柜仍存在隔板将前后柜分开，验电时必须打开后柜门，增加了验电风险。

2. 分析解释

运行人员在执行停电操作时，在合接地开关前必须验明设备已无电压，然而金属封闭式高压开关柜处于全封闭状态，按照正常的操作方法，无法用携带式高压验电器对设备进行验电，因此，就出现了强行解锁打开开关柜柜门验电的方式。由于高压电缆布置于后柜，若是必须打开后柜门进行验电，操作人员距离高压设备较近，验电风险较大。而若是下柜的柜内隔板拆除或预留出验电孔，则运行人员可打开柜门进行验电，与高压设备距离增加，工作较为安全。

3. 整改措施

在设计联络会纪要中应予以明确，在厂内验收时若发现开关柜不满足柜前验电条件，应要求制造厂按此规定整改柜内结构，取消前后柜隔板或在隔板上预留出验电孔。整改前后如图6-52和图6-53所示。

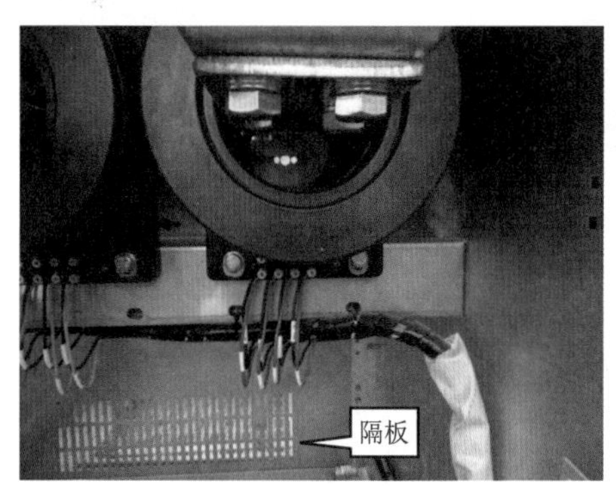

图6-52　整改前：前后柜被隔板分开

图6-53　整改后：前后柜无隔板结构

第139条　开关柜电缆进线仓应进行防潮封堵

1. 工艺差异

开关柜电缆进线仓应进行防潮封堵，以防止电缆沟内的水分入侵开关柜。大多数设计和施工单位并无此规定。

2. 分析解释

开关柜是一个相对封闭的设备，湿度偏大将引起开关柜内部设备表面凝露（图6-54），降低柜内的绝缘水平，影响绝缘材料寿命，并加速电化学腐蚀，严重者甚至会引起放电，引发短路故障。如图6-55所示，开关柜内湿度过高加快了电化学腐蚀，导致触头表面氧化。

开关柜内水分入侵途径主要有两个：一是从开关室入侵，二是从电缆沟入侵。因此控制开关柜内湿度需要做到两个方面：一是控制开关室的湿度，开关室的湿度是可控的，只需要安装除湿机或空调即可；二是控制水分从电缆沟入侵，即做好电缆进线处的防潮封堵，若开关开关柜电缆进线底封堵不严，将导致水分入侵开关柜内部，导致柜体内湿度偏大。

图 6-54 开关柜内湿度过高引起母排表面凝露

图 6-55 湿度过高加快电化学腐蚀，导致触头表面氧化（铜绿）

过去的电缆进线处的封堵目的是为了防火，采用防火泥进行封堵，防火泥封堵后必然会留下间隙，而水分子的体积小，能够通过防火封堵的间隙，为实现防潮，需要用其他封堵材料。

目前较为适用的防潮封堵材料为高分子发泡胶。发泡胶调和完成时为液态，使用时将液态发泡胶倒在电缆进线仓底部，由于发泡胶是流动的，它将自动填补所有防火封堵留下的缝隙。一段时间后发泡胶发泡固化，此时所有缝隙都被填补导致水分潮气无法入侵，从而达到防潮的效果。

经实践证明，防潮封堵能够有效降低开关柜内湿度，防止开关柜凝露，降低电化学腐蚀，因此在基建工程中也应进行防潮封堵。

3. 整改措施

对新安装完成的全封闭开关柜电缆进线处进行防潮封堵，防止电缆沟水分入侵开关柜。整改前后如图 6-56 和图 6-57 所示。

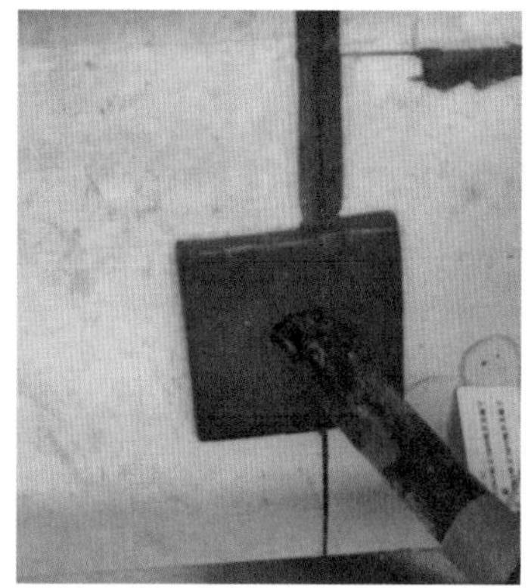

图 6-56 整改前：仅进行防潮封堵

图 6-57　整改后：使用发泡胶进行防潮封堵，覆盖电缆进线仓底部

第 140 条　开关柜动、静触头的插入深度应为 15～25mm

1. 工艺差异

开关柜动、静触头的插入深度应为 15～25mm。施工单位在安装时对动、静触头插入深度的调整较为随意。

2. 分析解释

插入深度是保证开关柜动、静触头有效接触的关键。如动触头插入深度不够而虚接触，将使触头接触电阻增大、运行温度升高，并进一步导致触头表面氧化加速接触电阻增大，如此恶性循环，最后导致触头损坏，甚至发生短路故障，引发开关发生爆炸导致火灾造成大范围停电的重大损失。因此，插入深度是保证隔离触头可靠接触的关键。

另外，如果插入深度过大，动、静触头会互相顶到，顶到后触头杆受力引起变形，并形成微小的缝隙，引起电场不均匀，导致放电损坏镀银层。因此动、静触头的插入深度应合适，15～25mm 的深度既可以保证接触良好，又不至于使动静触头顶到。如图 6-58 所示为动、静触头插入深度 L 示意图。

测量插入深度可以采用痕迹法：首先在动触头上涂抹凡士林润滑脂，并将静触头清洗干净，然后将开关小车摇到位后使动、静触头啮合，此时静触头表面会出现微小的划痕，将小车摇出后检查静触头，划痕的长度就是插入深度，如图 6-59 所示。

3. 整改措施

测量动、静触头插入深度，更换插入深度不合格的静触头。

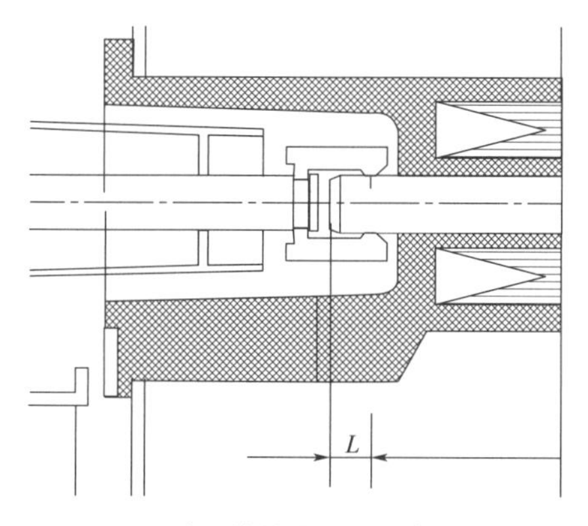

图 6-58 动、静触头插入深度 L 示意图

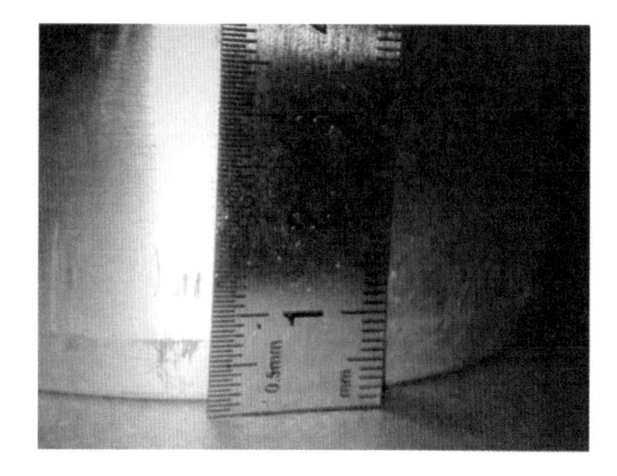

图 6-59 痕迹法检测插入深度

第 141 条 开关柜断路器室的活门、柜后母线室封板应标有母线侧、线路侧等识别字样

1. 工艺差异

开关柜断路器室的活门、柜后母线室封板应标有母线侧、线路侧等识别字样，防止运行检修人员误开带电侧活门。部分制造厂并无此设计。

2. 分析解释

开关柜是全封闭结构，其内部结构不直观，检修时需要打开活门封板进行检查，而此时若母线侧和线路侧有一侧带电，就容易误触带电部位。尤其是主变进线开关柜，由于其比普通开开关柜多了一个顶部进线桥架，在检修中非常容易误开母线室封板。在开关柜诞生后的几十年时间里，曾经多次发生误触带电部位引起的人身事故，血的教训令开关柜的制造者和使用者们不断想办法降低误触带电部位的可能。

设置警示标志是行之有效的措施之一。在容易误触带电部位的活门和封板上设置母线侧、线路侧标签，能够有效避免带电部位事故的发生。

3. 整改措施

在开关柜断路器室的活门处应标有母线侧、线路侧等识别字样，在柜后母线室封板处应标有母线侧带电、严禁拆开等警示标语。整改前后如图 6-60 和图 6-61 所示。

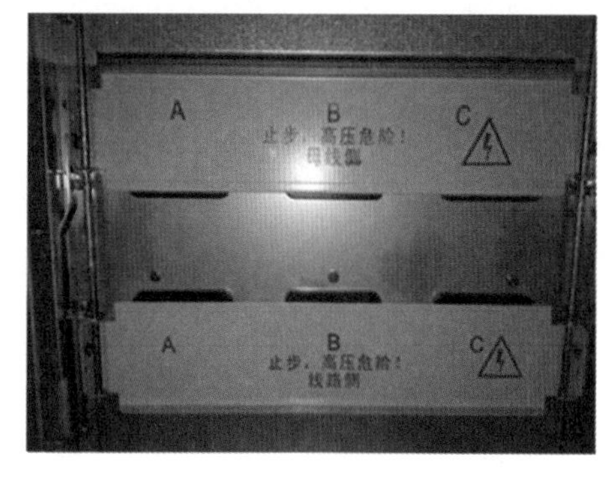

图 6-60 整改后：断路器仓内的母线侧、线路侧标志

图 6-61 整改后：柜后母线室封板上的母线带电、严禁拆开标志

第7章 其他设备

7.1 干式电抗器

电抗器是电路中用于限流、稳流、无功补偿及移相等的一种电感元件。并联电抗器一般接在线路的末端和地之间，其作用主要有以下几点：①超高压输电线路一般距离较远，可达数百公里，由于线路采用分裂导线，线路的相间和对地电容均很大，大容量容性功率通过系统感性元件时，末端电压将要升高，在超高压输电线路上接入并联电抗器后，可明显降低末端电压；②当开断带有并联电抗器的空载线路时，并联电抗器可以降低了断路器断口发生重燃的可能性，从而降低了操作过电压；③避免发电机带空载长线路出现自励磁过电压；④有利于单相重合闸。

第142条　额定电流为1500A及以上，采用非磁性金属材料制成的螺栓

1. 工艺差异

额定电流为1500A及以上、未采用非磁性金属材料制成的螺栓违反《国家电网公司变电验收通用管理规定 第10分册 干式电抗器验收细则》规定的“设备接线端子与母线的连接，应符合现行国家标准GB 50148—2010《电气装置安装工程　电力变压器、油浸电抗器、互感器施工及验收规范》”的规定，当其额定电流为1500A及以上时，应采用非磁性金属材料制成的螺栓。

2. 分析解释

导体在非匀强磁场中运动，或者导体静止但有着随时间变化的磁场，或者两种情况同时出现，都可以造成磁力线与导体的相对切割。按照电磁感应定律，在导体中就产生感应电动势，从而产生电流。这样引起的电流在导体中的分布随着导体的表面形状和磁场的分布而不同，其路径往往类似水中的漩涡，因此称为涡流，如图7－1所示。涡流在导体中会产生热量。

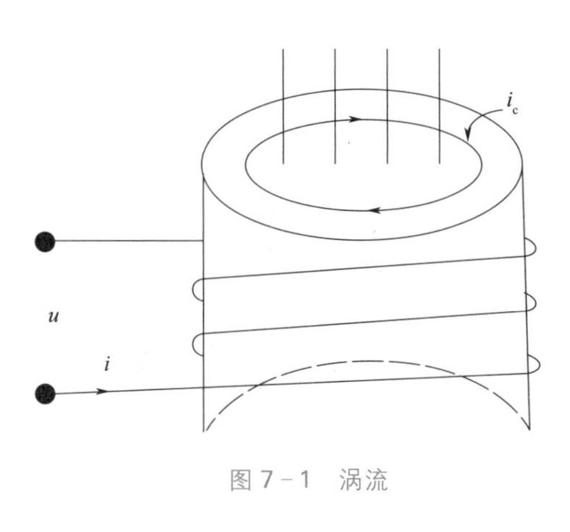

图7－1　涡流

对于额定电流为1500A及以上的磁性金属材料制成的螺栓，其中易产生涡流，造成发热故障。

3. 整改措施

将额定电流为1500A及以上采用非磁性金属材料制成的螺栓全部更换为磁性金属材料制成的螺栓，防止发生过热缺陷。

第143条　围栏完整，高度在1.7m以上，围栏底部打排水孔

1. 工艺差异

围栏高度不满足在1.7m以上、围栏底部未打排水孔违反《国家电网公司变电验收通用管理规定 第10分册 干式电抗器验收细则》规定的“围栏完整，高度应在1.7m以上；围栏底部应有排水孔”的规定。

2. 分析解释

干式电抗器由于室外落地安装，带电距离较近，为保证人身安全，围栏高度应在1.7m以上。同时由于地面采用水泥砂浆抹面，在围栏底部基础无排水孔的情况下，遇到下雨天气，地面非常容易发生积水，从而严重影响电容器组的环境，加速设备锈蚀和老化。

3. 整改措施

将干式电抗器围栏整改为1.7m以上，同时在围栏内部四角各打一个排水孔。

第144条　干式电抗器支座两点接地

1. 工艺差异

干式电抗器支座只有一点接地违反《国家电网公司变电验收通用管理规定 第10分册 干式电抗器验收细则》规定的“支座接地引下线两点与不同主地网格连接牢固，导通良好，截面符合动热稳定要求。接地端子及构架可靠接地，无伤痕及锈蚀。接地引下线采用黄绿相间的色漆或色带标示”。

2. 分析解释

干式电抗器支座接地属于保护性接地，意在保护人身、电网和设备的安全，为防止一根接地线出现虚接的情况，规定要求干式电抗器支座必须双接地。

3. 整改措施

采用扁铁添加一根接地引下线，避免一根接地线虚接而出现伤害人身、损害设备与电网故障异常情况。

7.2 消弧线圈

消弧线圈是一种带铁芯的电感线圈，如图7-2所示。消弧线圈接于变压器的中性点与大地之间，构成消弧线圈接地系统。

图 7－2　消弧线圈

电力系统输电线路经消弧线圈接地，为小电流接地系统的一种。正常运行时，消弧线圈中无电流通过。而当电网受到雷击或发生单相电弧性接地时，中性点电位将上升到相电压，这时流经消弧线圈的感性电流与单相接地的容性故障电流相互抵消，使故障电流得到补偿，补偿后的残余电流变得很小，不足以维持电弧，从而自行熄灭。这样，就可使接地故障迅速消除而不致引起过电压。按照消弧线圈阻抗调节原理可分为调气隙式、调匝式、调容式、调可控硅式、偏磁式等。

第 145 条　油浸式消弧线圈引出线不能采用铜铝对接过渡线夹

1. 工艺差异

油浸式消弧线圈引出线采用铜铝对接过渡线夹违反《国家电网公司变电验收通用管理规定 第 15 分册 消弧线圈验收细则》规定的“油浸式消弧线圈引出线安装不采用铜铝对接过渡线夹，引线接触良好、连接可靠，引线无散股、扭曲、断股现象”。

2. 分析解释

铜与铝的化学活性不一致使它们连接后通电会发生电化学反应，导致铝线逐步氧化，降低铝线的机械强度；铜与铝的电阻率不同，通过电流时会产生大量余热，较易产生过热故障等；同时铜铝对接线夹厚度较薄，在挂接地线或者遇到大风天气时，在线夹铜铝对接部位易发生断裂。铜铝线夹的使用给电力系统的稳定运行带来了比较大的安全隐患。

3. 整改措施

铜铝对接线夹全部更换为贴有过渡片的铝线夹，原导线长度不满足要求的需更换导线，原导线长度满足要求则剪断铜铝对接线夹，消除铜铝对接线夹易断裂的隐患。

第 146 条　油浸式消弧线圈气体继电器二次接线在 45°方向雨水不能直淋

1. 工艺差异

油浸式消弧线圈气体继电器二次接线在 45°方向雨水可以直淋违反《国家电网公司变电验收通用管理规定 第 15 分册 消弧线圈验收细则》规定的“室外油浸式消弧线圈气体继电器加装防雨罩，措施可靠，二次接线 50mm 内应遮盖，防雨水 45°直淋”。

2. 分析解释

气体继电器是利用油浸式消弧线圈内故障时产生的热油流和热气流推动继电器动作的元件，是重要的保护元件。二次接线盒内部接线主要用于保护，由于防雨罩不合格，二次接线在 45°方向雨水可以直淋，常年室外运行，易发生进水故障，将引起二次接线盒接线发生短路，气体继电器损坏。

3. 整改措施

更换防雨罩，保证二次接线 50mm 内应遮盖，防雨水 45°直淋。

第 147 条 干式消弧线圈导电回路采用强度 8.8 级热镀锌螺栓

1. 工艺差异

干式消弧线圈导电回路未采用强度 8.8 级热镀锌螺栓违反《国家电网公司变电验收通用管理规定 第 15 分册 消弧线圈验收细则》规定的“干式消弧线圈导电回路采用强度 8.8 级热镀锌螺栓”。

2. 分析解释

螺栓性能等级标号由两部分数字组成，分别表示螺栓材料的公称抗拉强度值和屈服强度比值，8.8 级螺栓材质表示公称抗拉强度 800MPa 级，螺栓材质的屈服强度比值为 0.8。对于干式消弧线圈两侧固定与导电部分采用低于 8.8 级的螺栓，可能发生螺栓松动或者断裂而造成设备过热。

3. 整改措施

将采用低于 8.8 级的螺栓更换为 8.8 级螺栓，增加导电连接部位的抗拉强度和屈服强度，防止设备出现过热。

7.3 串联补偿装置

在长距离输电线路中，线路电感对输电的影响较大。此时将电容器与线路电感串联在一起，电容器的电压滞后电流 90°，电感的电压超前电流 90°，则电容电压就与电感电压正好反向，可以互相抵消。当串联电容器的容抗与线路电感的感抗刚好相等时，线路电感电压就与电容电压完全抵消，电网的输电能力大大提高，电压稳定性也大大提高。

串联电容器只能应用在高压系统中，在低压系统中由于电流太大无法应用。串联电容器是用于补偿线路电感的电压，而不是补偿无功电流。因此，不管线路中有没有无功电流，串联电容器都可以起到补偿作用。串联电容器所提供的补偿量与线路电流的平方成正比，与线路的电压无关。

第 148 条 与电容器套管的连接引线采用软连接

1. 工艺差异

串联补偿装置与电容器套管的连接引线未采用软连接违反《国家电网公司变电验收通用管理规定 第 11 分册 串联补偿装置验收细则》规定的“与电容器组接线正确，套管连接引线应采用软连接”。

2. 分析解释

电容器套管起固定引线且对地绝缘作用，在安装尺寸有偏差或者环境气温变化材料热胀冷缩的情况下，套管会受到一个水平方向的拉力，长时间运行下，套管瓷盖与引线板将发生松动位移，造成内部绝缘油渗出。串联补偿装置与电容器套管连接引线采用软连接，就可补偿引线，避免套管受到水平拉力作用。

3. 整改措施

改变串联补偿装置与电容器套管的连接方式，在套管与引线间添加软连接，以消除套管所受水平拉力。

第 149 条　串联补偿装置冷却设备配备双电源

1. 工艺差异

串联补偿装置冷却设备无双电源违反《国家电网公司变电验收通用管理规定 第 11 分册 串联补偿装置验收细则》规定的“串联补偿装置冷却设备双电源应能实现自动切换，水泵及备用水泵投切正常”。

2. 分析解释

串联补偿装置在运行过程中会产生大量热量，冷却装置会自动启动，及时将热量排出，避免设备达到一定温度后发生跳闸甚至燃烧爆炸。根据检修人员常年工作现场的经验，串联补偿装置冷却设备最常见的故障就是电源回路出现开路，双电源自动切换设计可以充分保证冷却设备电源回路的正常。

3. 整改措施

整改串联补偿装置冷却设备电源为双电源且能够自动切换。

第 150 条　串联补偿装置阀冷却系统管道法兰间应有跨接线连接

1. 工艺差异

串联补偿装置阀冷却系统管道法兰间无跨接线连接违反《国家电网公司变电验收通用管理规定 第 11 分册 串联补偿装置验收细则》规定的“管道法兰间应采用跨接线连接，管道接地应可靠，接地线截面积不应小于 $35mm^2$”。

2. 分析解释

串联补偿装置阀冷却系统整根管道只有一处接地，管道法兰连接部位因为油漆可能出现电位悬空，造成悬浮放电或者静电伤人。法兰间采用跨接线连接，管道就能可靠接地。

3. 整改措施

将管道所有法兰添加跨接线，以保证管道可靠接地。

7.4 高频阻波器

阻波器是载波通信及高频保护不可缺少的高频通信元件，可阻止高频电流向其他分支泄漏，起减少高频能量损耗的作用，如图 7-3 所示。在高频保护中，当线路故障时，高频信号消失，高频保护无时限启动，立即切除故障。

线路阻波器一般由主线圈、调谐装置和保护装置三部分组成。

图 7-3 高频阻波器

主线圈为单层或多层开放型结构，主线圈用裸铝扁导线绕制，线匝由玻璃钢垫块和撑条支持，经浸漆处理，整体性强，结构轻巧，适用于 10～330kV 线路，同时满足短路电流的要求，并可直接安装在耦合电容器上。调谐装置主要由电容器、电感、电阻构成，它与主线圈构成谐振回路，对高频信号起阻塞作用，其中电容器均采用特别研制的高频聚苯乙烯介质，其绝缘配合安全裕度远高于 IEC 标准。保护装置将阻波器所受的雷电过电压及操作过电压限制在一定的范围之内，用以保护调谐装置和主线圈，一般采用专为阻波器研制的带串联间隙的氧化锌避雷器。

第 151 条　线路阻波器线夹应有排水孔

1. 工艺差异

线路阻波器线夹无排水孔违反《国家电网公司变电验收通用管理规定 第 16 分册 高频阻波器验收细则》规定的“线路阻波器引出线安装对于 $400mm^2$ 及以上的铝设备线夹，朝上 30°～90°安装时，应设置排水孔”。

2. 分析解释

线径为 $400mm^2$ 及以上的、压接孔向上 30°～90°的压接线夹常年室外运行，线夹中如发生进水，遇到结冰天气，线夹内水结冰膨胀易将线夹胀裂，影响线夹与导线的接触连接情况，造成回路电阻过大或者电压互感器与电网系统开路。

3. 整改措施

对于线径为 $400mm^2$ 及以上的、压接孔向上 30°～90°的压接线夹，全部打直径 6mm 排水孔，及时排除积水，防止出现结冰而损坏设备。

7.5 站用变压器

站用变压器用于提供变电站内的生活、生产用电，同时，为变电站内的设备提供交流电，如保护屏、高压开关柜内的储能电机、SF_6 开关储能、主变有载调压机构等，也可为直流系统充电。

第 152 条　干式站用变压器宜采用敞开通风式结构

1. 工艺差异

目前，新建 220kV 变电站 35kV 站用变压器一般采用金属封闭式结构（图 7-4），

图7-4 金属封闭式变压器

该结构内部通风不良，容易导致过热问题。因此，应采用敞开通风式结构。

2. 分析解释

站用变压器为变电站内设备提供控制电源、保护装置电源，站用变压器的稳定运行是变电站安全运行的关键一环。220kV变电站内一般设两台容量相同、互为备用、分列运行的35（10）kV站用变压器，每台站用变压器按全所计算负荷选择。

目前变电站一般采用环氧树脂浇注干式变压器，运行环境一般为金属封闭式结构。一般来说，干式变压器周围温度不应超过40℃，空气相对湿度不超过95%。但是在沿海湿热地区，金属封闭式结构的干式变压器往往存在通风不良、散热不足的弊病。干式变压器长期过热运行会导致绝缘下降甚至绝缘层烧融，存在较大安全隐患，如图7-5所示。同时，金属封闭式结构不利于运行人员对站用变压器各个部位进行红外测温，对及早发现设备缺陷存在较大的阻碍。

因此，干式站用变压器宜采用敞开通风式结构，避免上述问题。

3. 整改措施

新建变电站在设计之初便考虑将干式站用变压器运行环境设计为敞开通风式。对于已投运的金属封闭式干式站用变压器，应将前后密闭金属柜门改造为金属网门，如图7-6所示。

图7-5 绝缘层烧融痕迹

图7-6 前后密闭金属柜门改造为金属网门

7.6 中性点隔直装置

高压直流输电技术在我国电网中的运用越来越多，为了治理直流电流对交流电网的影响，中性点隔直装置应运而生。

变压器中性点隔直装置由电容器、机械旁路开关和快速旁路回路三者并联而成，接于变压器中性点和地之间，如图7-7所示。在没有直流电流流经变压器中性点时，机械旁路开关为合上位置；当检测到流经变压器中性点的直流电流超过限值时，机械旁路开关转为断开位置，使电容器投入，起到消除直流电流的作用。

一旦检测到流经变压器中性点的交流电流超过限值或者电容器组两端电压超限时，装置控制器即判断为交流电网发生不对称短路故障，晶闸管立即触发导通，同时机械旁路开关转为合上位置，保证变压器中性点可靠接地。

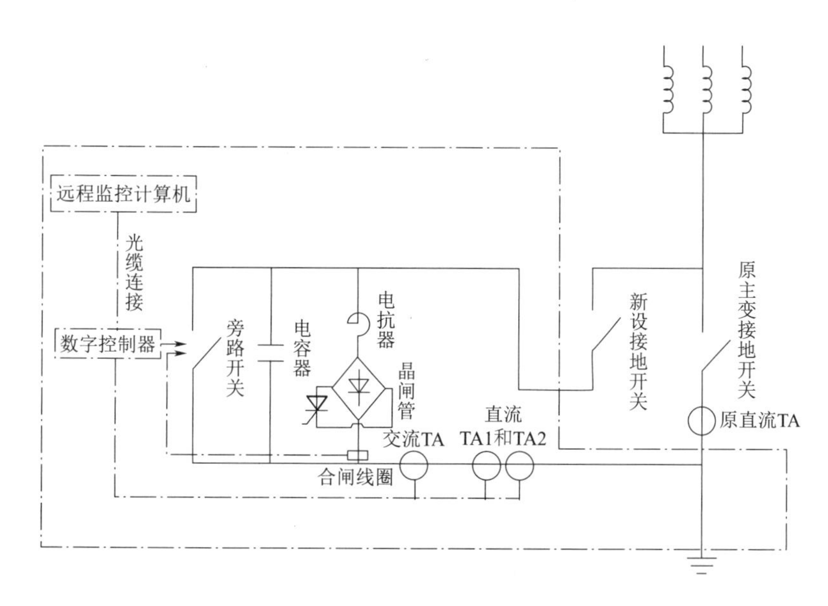

图7-7 中性点隔直装置结构

第153条 主变中性点放电间隙应采用水平间隙，且放电间隙应满足要求

1. 工艺差异

部分主变的中性点放电间隙采用垂直安装，在雨雪天气影响下，会导致放电间隙距离发生改变。同时，部分中性点放电间隙距离不满足《国家电网公司变电验收通用管理规定 第1分册 油浸式变压器（电抗器）验收细则》中“间隙距离及避雷器参数配合应进行校核，间隙、避雷器应同时配合保证工频和操作过电压都能防护”的规定。

2. 分析解释

中性点放电间隙放电电流的零序保护是变压器中性点不接地运行时保护的重要组成。当系统发生单相接地短路时，对于高压母线没有中性点接地的变压器，中性点会发生过电压，放电间隙击穿，中性点不接地运行的变压器将由反映放电间隙放电电流的零序保护瞬时动作以切除变压器。

放电间隙的大小需要根据变压器中性点绝缘水平及电网的零序和正序等效电抗的比值来确定。放电间隙应在危及变压器中性点绝缘的冲击电压和工频过电压下可靠击穿。

在单相接地暂态电压作用下，放电间隙应该保证不被击穿，以避免不必要的频繁放电。

放电间隙采用垂直安装的情况下，在雨天，雨水容易顺着放电间隙向下流淌，可能导致击穿电压降低。在寒冷天气下，雨水可能顺着放电间隙上部形成冰柱，导致放电间隙距离缩短。因此，放电间隙需要采用水平安装。

3. 整改措施

主变中性点放电间隙应采用水平间隙，且放电间隙应满足要求，如图7-8所示。

图7-8 中性点放电间隙

7.7 电力电缆

第154条 金属护层应接地运行

1. 工艺差异

部分电力电缆金属护层在安装过程中未接地运行，导致金属护层有感应电，存在安全隐患。不符合《国家电网有限公司十八项电网重大反事故措施（修订版）》第13.1.3.2条的规定："严禁金属护层不接地运行"。

2. 分析解释

电力电缆的保护层用于保护电力电缆绝缘层免受外力损伤和水分的侵入，其中金属护层能够增强保护层的强度。但是电力电缆通电时，会在金属护层产生感应电。假如金属护层未接地运行，则对地有一定压差，在一定的情况会对地放电，可能会对人员造成伤害。因此，电力电缆的金属护层一定要接地运行。不同电压等级电缆结构如图7-9所示。

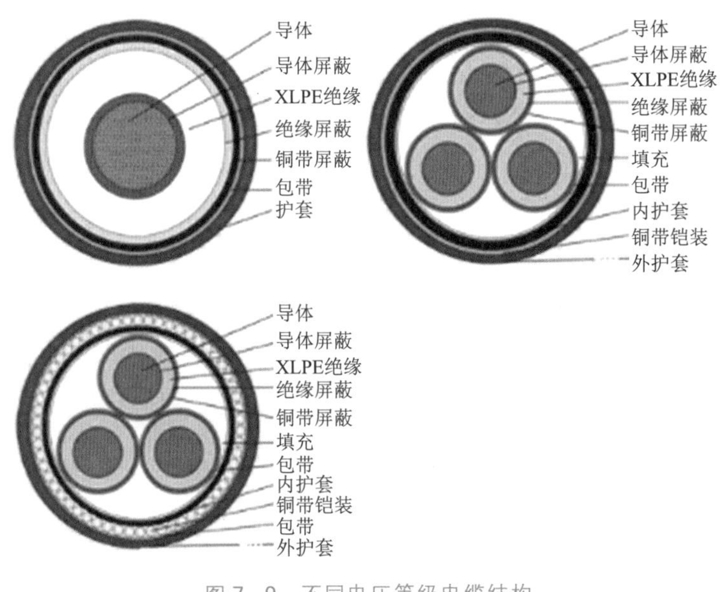

图7-9 不同电压等级电缆结构

3. 整改措施

金属护层接地运行。

第155条 站内高压电缆屏蔽层应单点接地

1. 工艺差异

在基建施工过程中，施工单位未注意站内高压电缆屏蔽层的接地情况，可能会两点接地造成环流或未接地造成屏蔽层失效。

2. 分析解释

在电力电缆的制造过程中，导体和绝缘体的表面不可能制造得足够光滑以均匀其表面的电场强度。因此在导体和绝缘体表面都各有一层半导屏蔽层来均匀导体和绝缘体表面的电场强度。屏蔽层减少了局部放电的可能性，也有效抑制了水电树枝的生长。屏蔽层的热阻可使线芯上的高温不能直接冲击绝缘层。同时，外屏蔽层与金属护套等电位，避免在绝缘层与护套之间发生局部放电。电缆内部如图7-10所示。

图7-10 电缆内部图

在变电站内的电力电缆长度较短，如果将电力电缆的屏蔽层两点接地，有可能会产生环流，造成发热，影响电力电缆寿命，严重时还可能造成事故。

3. 整改措施

站内高压电缆屏蔽层应单点接地。

第156条 采用排管、电缆沟、隧道、桥梁及桥架敷设的阻燃电缆，其成束阻燃性能应不低于C级

图7-11 电缆隧道

1. 工艺差异

部分采用排管、电缆沟、隧道、桥梁及桥架敷设的阻燃电缆，施工单位未关注其成束阻燃性能。不符合《国家电网有限公司十八项电网重大反事故措施（修订版）》第13.2.1.3条的规定：“110（66）kV及以上电压等级电缆在隧道、电缆沟、变电站内、桥梁内应选用阻燃电缆，其成束阻燃性能应不低于C级。与电力电缆同通道敷设的低压电缆、通信光缆等应穿入阻燃管，或采取其他防火隔离措施”。电缆隧道如图7-11所示。

2. 分析解释

电力电缆的阻燃等级A、B、C类是依据GB/T 18380《电缆和光缆在火焰条件下的燃烧试验》标准规定划分的，用来评价垂直安装的成束电线电缆或光缆在规定条件下抑制火焰垂直蔓延的能力。

阻燃A类是指电缆安装在试验钢梯上以使总体积中试验所含非金属材料为7L/m，供火时间为40min，电缆燃烧停止后，擦干试样，测得试样最大炭化范围不得高于喷灯底部2.5m。

阻燃B类是指电缆安装在试验钢梯上以使总体积中试验所含非金属材料为3.5L/m，供火时间为40min，电缆燃烧停止后，擦干试样，测得试样最大炭化范围不得高于喷灯底部2.5m。

阻燃C类是指电缆安装在试验钢梯上以使总体积中试验所含非金属材料为1.5L/m，供火时间为20min，电缆燃烧停止后，擦干试样，测得试样最大炭化范围不得高于喷灯底部2.5m。

施工单位在选用电缆时，应注意电缆的阻燃性能应不低于C级。

3. 整改措施

施工单位在选用电缆时应关注电缆的阻燃性能，采用排管、电缆沟、隧道、桥梁及桥架敷设的阻燃电缆，其成束阻燃性能应不低于C级。

第157条　隧道及竖井中的电缆应采取防火隔离、分段阻燃措施

1. 工艺差异

部分敷设在隧道及竖井中的电缆未采取防火隔离、分段阻燃措施，不符合《国家电网有限公司十八项电网重大反事故措施（修订版）》第13.2.1.7条中的规定：“隧道、竖井、变电站电缆层应采取防火墙、防火隔板及封堵等防火措施”。

2. 分析解释

为了防止电缆火灾，必须将所有穿越墙壁、楼板、竖井、电缆沟而进入控制室、电缆夹层、控制柜、仪表柜、开关柜等处的电缆孔洞进行严密封闭（封闭严密、平整、美观、电缆勿受损伤），如图7-12所示。对较长的电缆隧道及其分叉道口应设置防火隔墙及隔火门。在正常情况下，电缆沟或洞上的门应关闭，这样，电缆一旦起火，可以隔离或限制燃烧范围，防止火势蔓延。

图7-12　电缆竖井防火封堵

3. 整改措施

隧道及竖井中的电缆采取防火隔离、分段阻燃措施。

第 158 条 电缆路径上应设立明显的警示标志

1. 工艺差异

部分电缆路径没有设立明显的警示标志，导致电缆存在因外力破坏的风险。不符合《国家电网有限公司十八项电网重大反事故措施（修订版）》第 13.3.2.1 条中的规定："电缆路径上应设立明显的警示标志，对可能发生外力破坏的区段应加强监视，并采取可靠的防护措施"。

2. 分析解释

为了防止电缆被外力破坏，需要在电缆路径上设立明显的警示标志。特别是对可能发生外力破坏的区段加强监视，并采取可靠的防护措施。

电缆路径警示标志有以下几种：

(1) 电缆路径保护标识地砖：设置在电缆路径通道和电缆检修井上。

(2) 电缆路径保护标识桩：设置在电缆路径通道两侧的标识物。

(3) 架空（海底、江河）电力线路保护区界牌：设置在电力架空（海底、江河）线路通道内的保护区界牌。

(4) 安全警示牌：设置在线路通道临近居民聚居区和林地的安全警示立牌。

(5) 道路（航道）安全警示牌：设置在高压线路与重要道路（航道）交叉跨越处的安全警示牌。

(6) 海底电缆禁锚标识牌：设置在海底电缆管道保护区内的安全警示立牌。

3. 整改措施

电缆路径设立明显的警示标志，如图 7-13 所示。

图 7-13 电缆警示标志

第 159 条 电缆通道、夹层及管孔等应满足电缆弯曲半径的要求

1. 工艺差异

部分电缆通道、夹层及管孔在设计及施工时未考虑电缆弯曲半径，导致电缆敷设存在困难。不符合《国家电网有限公司十八项电网重大反事故措施（修订版）》第 13.4.1.1 条中的规定："电缆通道、夹层及管孔等应满足电缆弯曲半径的要求，110（66）kV 及以上电缆的支架应满足电缆蛇形敷设的要求"。电缆应严格按照设计要求进行敷设、固定。

2. 分析解释

为了使电缆工作时不受损伤或不明显降低寿命，电缆应规定最小允许弯曲半径。最小弯曲半径值越小，说明弯曲性能越好。最小弯曲半径是材料工作时不受损伤或不明显降低寿命的最小的弯转半径，是在材料不发生破坏的情况下所能弯曲的最小值。

部分电缆通道、夹层及管孔在设计及施工时未考虑电缆弯曲半径，后期在敷设电缆时，电缆的弯曲半径超过电缆的最小弯曲半径（表7-1），导致电缆无法正常敷设，强行敷设还会对电缆造成损伤。

表7-1　　电缆最小弯曲半径

电　缆　种　类	最小弯曲半径
无铅包钢铠护套的橡皮绝缘电力电缆	$10D$
有钢铠护套的橡皮绝缘电力电缆	$20D$
聚氯乙烯绝缘电力电缆	$10D$
交联聚氯乙烯绝缘电力电缆	$15D$
多芯控制电缆	$10D$

注　D为电缆外径。

3. 整改措施

电缆通道、夹层及管孔在设计及施工时应充分考虑电缆弯曲半径，防止电缆敷设时超过电缆最小弯曲半径。

7.8 站用交直流电源系统

站用交直流电源系统虽然属于低压设备，但它们为变电站内二次设备、操作机构、消防报警等提供不间断电源，是变电站可靠运行的“血液”。生产与基建在站用电方面的工艺差异主要体现在选用部件可靠性、运行中防火等方面。

第160条　站用交流电相邻两段工作母线之间不宜装设自动投切装置

1. 工艺差异

站用交流电相邻两段工作母线之间不宜装设自动投切装置，而目前变电站要求不一致，存在装设了自动投切装置的情况。

2. 分析解释

不同电压等级的变电站，站用变压器台数一般不同，其接线方式也会不同。站用交流电采用按工作变压器划分的单母线。相邻两段工作母线间可配联络开关，宜同时供电分列运行。但是考虑到故障发生后不扩大事故范围，两段工作母线间不宜装设自动投切装置。然而该规定具有片面性，不能充分发挥两台站用变压器供电的最大优势。配置自动切换装置后，当一段母线故障后保护动作，由保护动作信号闭锁自动切换装置，可以防止自动切换导致的事故扩大，所以现在两段工作母线间配置自动切换装置是可行的。但是装设自动投切装置的同时应增加母线故障闭锁备自投保护功能。如果单母线发生故障，保护动作，自动投切装置不动作，防止事故扩大。

3. 整改措施

在设计联络会纪要中应予以明确，站用交流电相邻两段工作母线之间不宜装设自动投切装置或者装设自动投切装置同时应增加母线故障闭锁备自投保护功能。验收时若发现不满足要求，应要求基建安装部门按此规定整改。

第161条　直流蓄电池核对性放电周期应符合要求

1. 工艺差异

直流蓄电池核对性放电周期应符合要求，《国家电网有限公司十八项电网重大反事故措施（修订版）》第5.3.3.4条规定：“新安装阀控密封蓄电池组，投运后每2年应进行一次核对性充放电试验，投运4年后应每年进行一次核对性充放电试验”，但目前蓄电池制造安装厂商和生产单位对蓄电池核对性放电试验周期要求不同，蓄电池制造安装厂商要求每2～3年应进行一次核对性放电，运行了6年以后应每年进行一次核对性放电。

2. 分析解释

蓄电池核对性放电试验用于对蓄电池容量进行定期测试，验证其容量是否满足要求，并起到对蓄电池组深度活化作用，是验证蓄电池健康状况的最直接、有效的手段。目前蓄电池随着中标价格的降低，其质量出现明显下降趋势，蓄电池有效寿命平均为5～6年，缩短蓄电池核对性放电周期对及时发现蓄电池故障、有效活化蓄电池具有良好的作用。

3. 整改措施

新安装阀控密封蓄电池组，投运后每2年应进行一次核对性充放电试验，投运4年后应每年进行一次核对性充放电试验。整改前后如图7-14和图7-15所示。

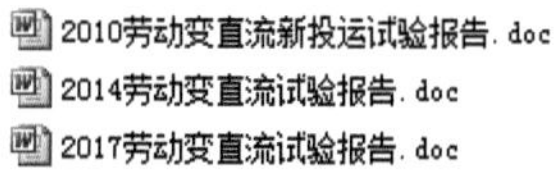

2010劳动变直流新投运试验报告.doc
2014劳动变直流试验报告.doc
2017劳动变直流试验报告.doc

图7-14　整改前：每3年进行一次核对性放电

2010解放变直流新投运试验报告.doc
2012解放变直流试验报告.doc
2014解放变直流试验报告.doc
2015解放变直流试验报告.doc
2016解放变直流试验报告.doc
2017解放变直流试验报告.doc

图7-15　整改后：每2年进行一次核对性放电，4年以后每年进行一次核对性放电

第162条　站用直流回路应配置直流专用断路器

1. 工艺差异

直流回路配置的断路器应是直流专用断路器。按照《国家电网有限公司十八项电网重大反事故措施（修订版）》第5.1.1.14条规定：“新、扩建或改造的变电所直流电源系统用断路器应采用具有自动脱扣功能的直流断路器，严禁使用普通交流断路器”。目前部分制造厂为了节约成本使用交直流两用断路器。

2. 分析解释

交直流两用断路器是从交流断路器发展到直流专用断路器的一种过渡产品，如图7－16所示。经试验验证，交直流两用断路器灭弧能力差，不能有效起到及时断开故障回路作用，目前大部分厂商均具备生产直流专用断路器能力，目前在现场不具备对交直流两用断路器进行专项直流性能验证试验的条件。

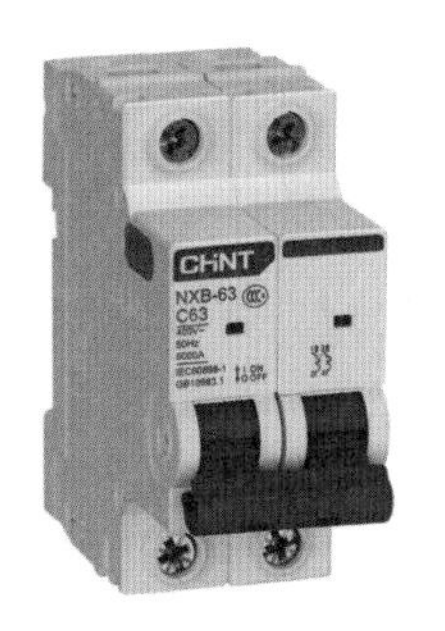

（a）交流断路器

（b）交直流两用断路器

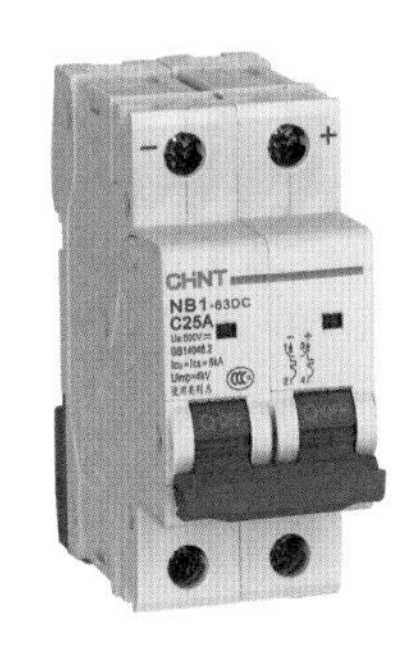

（c）直流断路器

图7－16 各类断路器

为了提高系统的可靠性，新建变电站禁止使用交直流两用断路器，且应对原有交直流断路器进行改造。

3. 整改措施

新、扩建或改造的变电所直流电源系统用断路器应采用具有自动脱扣功能的直流断路器，严禁使用普通交流断路器和交直流两用断路器。

第163条 直流电源系统仅电源蓄电池出口配置熔断器，其余配置断路器

1. 工艺差异

直流电源系统仅电源蓄电池出口配置熔断器，其余配置断路器。《国家电网有限公司十八项电网重大反事故措施（修订版）》第5.3.2.5条规定："直流电源系统除蓄电池组出口保护电器外，应使用直流专用断路器。蓄电池组出口回路宜采用熔断器，也可采用具有选择性保护的直流断路器"。部分制造厂的产品除了蓄电池出口采用熔断器外，还有其他回路配置了熔断器。

2. 分析解释

熔断器和直流断路器各有其优缺点。

（1）熔断器的优点：全程反时限特性，易于与下级断路器实现选择性保护。

（2）熔断器的缺点。

1）熔断器本身设计上的缺陷，熔体的老化现象：无冶金效应的熔体，由于熔断体反复负载使熔体受到加热和冷却的循环，产生热膨胀和冷却收缩，使熔体受到机械应力，引起熔体金属材料晶格粗化、扭曲，导致电阻率增加而使特性变坏；有冶金效应的熔体，由于熔体通过电流时温度增加，还会使灭弧介质材料的分子溶解到熔体中去，产

生合金现象，改变了熔点，从而使特性变坏。

2）熔体受环境温度和湿度的影响较大，熔断时间分散性大。

3）熔体受过一次大短路电流冲击后，其保护特性变化非常大，且无法检验。

4）熔断器内部除了熔断体外，还有灭弧介质，灭弧介质有多种，如粉末状灭弧介质等，此类灭弧介质由于温度、湿度影响，经过一段时间，有可能会结为块状结构，将使其散热性能大大加强，熔断时间变长，造成特性变坏。

5）防护等级低，一般为 IP00，即无防护。

（3）直流断路器的优点。

1）承担保护的主要功能部件无老化现象。

2）动作特性不受温度和湿度的影响。

3）受过一次短路冲击后，保护特性不会变化，可进行多次的分断和接通操作，且动作后可进行特性校验。

4）防护等级高，一般可达到 IP20 或 IP30 等防护等级。

（4）直流断路器缺点：直流灭弧困难，用于蓄电池出口的大容量断路器体积大，目前运行经验较少，检修蓄电池时无法形成明显断开点。

基于上述分析，在电力系统中，应采用熔断器或具有熔断器特性的直流断路器作蓄电池出口保护，可避免采用常规直流断路器灭弧困难造成的越级跳闸；采用直流断路器作为其余回路的开断设备，操作方便，寿命长，不受温湿度影响，承受冲击后恢复能力强。

3. 整改措施

蓄电池出口回路宜采用熔断器，也可采用具有熔断器特性的直流断路器，其余回路配置直流断路器。整改前后如图 7-17 和图 7-18 所示。

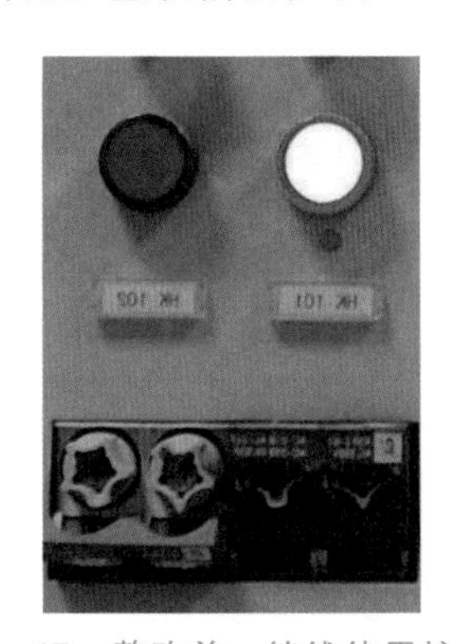

图 7-17 整改前：馈线使用熔断器

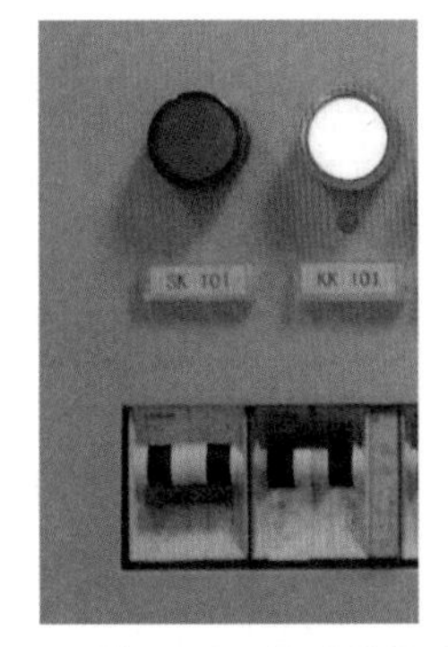

图 7-18 整改后：馈线使用断路器

第 164 条 充电装置应满足稳压精度优于 0.5%、稳流精度优于 1%、输出电压纹波系数不大于 0.5%的技术要求

1. 工艺差异

新建或改造的变电站选用充电、浮充电装置，应满足稳压精度优于 0.5%、稳流精

度优于1%、输出电压纹波系数不大于0.5%的技术要求，而某些制造厂标准较低，对充电装置技术要求为：稳压精度相控型充电装置不大于±1%，高频开关电源型充电装置不大于±0.5%；稳流精度相控型充电装置不大于±2%，高频开关电源型充电装置不大于±1%；纹波系数相控型充电装置不大于±1%，高频开关电源型充电装置不大于±0.5%。

2. 分析解释

充电装置的型式有相控型和高频开关电源型两种。相控型充电装置接线简单，输出功率大，价格便宜，有较成熟的运行经验，但是纹波系数高，稳流和稳压精度低，效率低，体积大，目前的微机相控型充电装置的技术性能和指标也有提高；高频开关电源型充电装置技术性能和指标先进，可靠性高，纹波系数小，稳流和稳压精度高，效率高，谐波失真小，体积小，能实现对蓄电池的温度补偿，特别适合于阀控式蓄电池。直流电源系统为变电站的二次设备提供电源，供电可靠性要求极高，因此充电装置需要采用最高技术指标，设计单位在设备选型时应选用技术参数更优的产品，提高设备运行质量和安全水平。对于原先采用的技术指标较低的充电装置，运维检修单位应要求更换。

3. 整改措施

在充电装置的选型方面选择高频开关电源型，新建或改造的变电站选用充电、浮充电装置，应满足稳压精度优于0.5%、稳流精度优于1%、输出电压纹波系数不大于0.5%的技术要求。

第165条　直流电源系统应具备模拟接地测试功能

1. 工艺差异

直流电源系统应具备模拟接地测试功能，便于运维人员检查绝缘监测装置是否正常工作。部分制造厂无此设计。

2. 分析解释

直流电源为带极性的电源，正极与负极均不接地运行，如果直流电源系统正极或负极对地间的绝缘电阻值降低至某一整定值，便判断直流电源系统有正接地故障或负接地故障。

直流电源系统接地包括一点接地和两点接地两种情况。在发生一点接地时，由于没有构成接地电流的通路而不引起任何危害，但一极接地长期工作是不允许的，因为此时另一点再发生接地，也就是两点接地时，就可能造成信号装置、继电保护和控制回路的不正常动作。

因此直流电源系统发生接地故障应立即排除，此时需要借助绝缘监测装置。绝缘监测装置能够及时发现接地故障并发出告警，新型绝缘监测装置还可以准确判断发生接地故障的位置。为了提高接地故障查找的准确性，需要定期对绝缘监测装置的功能进行测试，此时就需要模拟直流系统接地。

模拟接地采用高电阻接地，即在一路备用馈电回路上的正极（或负极）上接一个高阻值电阻，电阻另一头接地，合上馈电空气开关后观察绝缘监测装置能否正确测量绝缘电阻，能否正确判断接地位置。模拟接地高电阻的阻值一般比整定告警值略低，在10～20kΩ，既能发出告警，也不至于绝缘太低引发故障。

3. 整改措施

直流电源系统应具备模拟接地测试功能，若无此功能，应安装模拟接地高电阻，阻值设定比整定告警值略低。

第166条 直流电源系统绝缘监测装置应有交流窜直流故障的测记和报警功能

1. 工艺差异

直流电源系统绝缘监测装置应有交流窜直流故障的测记和报警功能，以便及时发现交流窜入直流的故障。《国家电网有限公司十八项电网重大反事故措施（修订版）》第5.3.3.3条规定：“直流电源系统应具备交流窜直流故障的测量记录和报警功能，不具备的应逐步进行改造”。部分制造厂的产品无交流窜直流故障的测量记录和报警功能。

2. 分析解释

交流窜入直流是接地故障的一种，是指低压交流电源的一端或两端与直流电源回路发生电气连接，如电压互感器二次侧交流电压信号窜入到直流系统中，或交流电源混到了直流电源中，由于交流电源是接地的电源，直流电源是不接地电源，交流电源与直流发生电气相接后，直流系统的安全性就发生了根本性的变化。

一旦由于某一种原因接地，使交流信号窜到直流电源系统，就会在直流母线上叠加一个很大的对地交流电压，大大超过保护、控制等装置的额定电压，造成继电保护、信号、自动装置误动或拒动，或造成直流保险熔断，使保护及自动装置、控制回路失去电源。

接地故障往往有发展阶段，刚开始时窜入的交流分量并不大，此时若能及时检测出交流窜入并采取措施，将防止故障进一步发展引起误动、拒动，因此直流电源系统应具备交流窜直流故障的测量记录和报警功能。

3. 整改措施

向制造厂提出要求，直流电源系统绝缘监测装置应有交流窜直流故障的测量记录和报警功能，若不满足应进行技术升级或设备更换。整改前后如图7-19和图7-20所示。

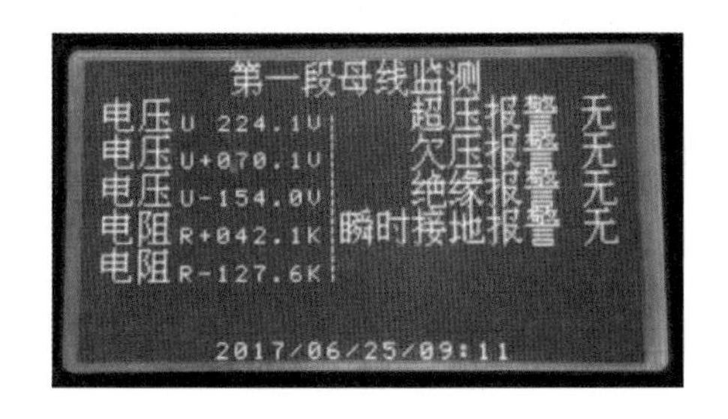

图7-19 整改前：无交流窜直流故障的测量记录和报警功能

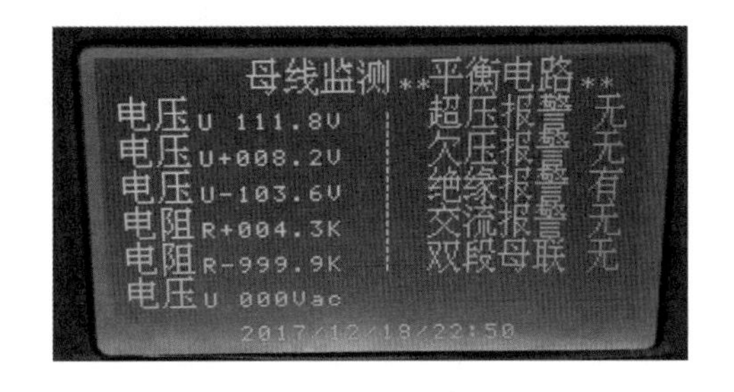

图7-20 整改后：具备交流窜直流故障的测量记录和报警功能

第 167 条 直流电源系统应采用阻燃电缆

1. 工艺差异

直流电源系统应采用阻燃电缆，阻燃电缆可以阻止电缆起火或在发生火灾后防止火势蔓延。《国家电网有限公司十八项电网重大反事故措施（修订版）》第 5.3.2.4 条规定：“直流电源系统应采用阻燃电缆”。部分设计中未采用阻燃电缆。

2. 分析解释

电缆沟内环境复杂，容易积聚有害气体和热量，容易引发火灾，而普通电缆能够被轻易引燃，增大了发生火灾的风险，电网范围内发生过电缆燃烧引起直流电源系统失电，使继电保护市区电源不动作，最终造成全站停电的事故。

阻燃电缆是指在规定的试验条件下，试样被燃烧，在撤去试验火源后，火焰的蔓延仅在限定范围内，残焰在限定时间内能自行熄灭的电缆。使用阻燃电缆可以有效防止电缆持续燃烧，防止自身发生火灾的同时，也能够有效防止火势的蔓延，并至少保护了直流电源系统本身不会失电，保证了变电站二次系统的正常运行。

3. 整改措施

改用阻燃电缆，整改前后如图 7－21 和图 7－22 所示。

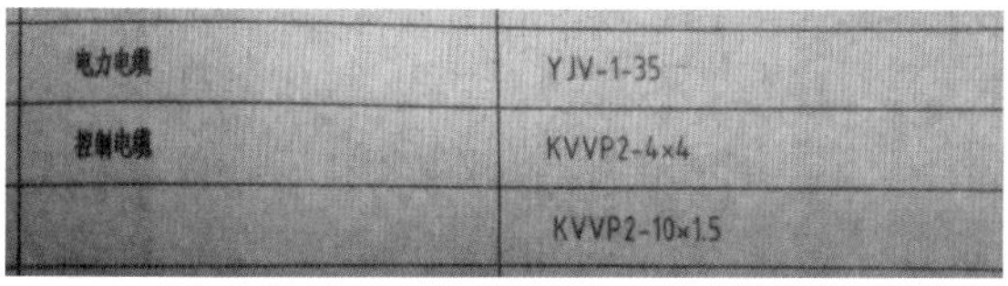

电力电缆	YJV-1-35
控制电缆	KVVP2-4×4
	KVVP2-10×1.5

图 7－21 整改前：原设计未采用阻燃电缆

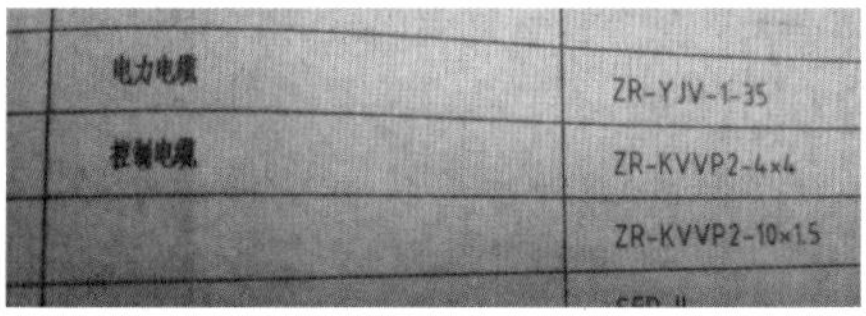

电力电缆	ZR-YJV-1-35
控制电缆	ZR-KVVP2-4×4
	ZR-KVVP2-10×1.5

图 7－22 整改后：采用阻燃电缆

第 168 条 蓄电池室的窗户应有良好的遮光措施

1. 工艺差异

蓄电池室的窗户应有良好的遮光措施，避免使蓄电池组受到阳光直射而影响寿命。部分施工单位未在窗户上采取遮光措施导致蓄电池受到阳光直射。

2. 分析解释

直流电源系统中采用阀控式铅酸蓄电池作为储能蓄电池组，阀控式铅酸蓄电池具备免维护、无污染、经济实用等优点，但电池的寿命和性能受温度的影响较大。

蓄电池室内有空调等调温装置，但阳光直射会使蓄电池温度高于环境温度，使蓄电池内电解液温度异常升高，当电解液温度高时，其扩散速度增加，电阻降低，电池电动势也略增加，因此在一定范围内蓄电池的容量随温度增加而增加。根据化学热力学原理，环境温度越高，铅酸蓄电池放电深度越大，电解液密度越高，板栅腐蚀越剧烈；储存时间越长，腐蚀层越厚，伴随着板栅腐蚀而产生板栅变形拉伸，其结果使板栅抗张强度变小。活性物质脱落，当腐蚀产物变得很厚或板栅变得相当薄时，板栅电阻增大，使电池容量下降，直至蓄电池失效。同时，温度升高还会加速蓄电池内电解液水分流失，造成内阻增加，从而产生更多的热，恶性循环，发生槽体软化故障，最终造成蓄电池干涸。

因此必须采取措施防止蓄电池遭受阳光直射，方法主要有两种：一是在设计时不在蓄电池室设计窗户；二是在蓄电池室的窗户上贴防晒膜，并定期更换。

3. 整改措施

在蓄电池室设置遮光措施，防止蓄电池受到阳光直射。整改前后如图 7-23 和图 7-24 所示。

图 7-23 整改前：蓄电池室窗户无遮光措施

图 7-24 整改后：蓄电池室窗户设遮光膜

参 考 文 献

[1] 国家电网公司. 变电站设备验收规范 第3部分：组合电器：Q/GDW 11651.3—2016 [S]. 2017.

[2] 国家电网公司. 电力复合脂技术条件：Q/GDW 634—2011 [S]. 2011.

[3] 中国电力企业联合会. 高压交流隔离开关和接地开关：DL/T 486—2010 [S]. 北京：中国电力出版社，2011.

[4] 国家电网公司. 隔离断路器运维导则：Q/GDW 11504—2015 [S]. 2016.

[5] 国家电网公司. 交流高压开关设备技术监督导则：Q/GDW 11074—2013 [S]. 2014.

[6] 中国电器工业协会. 3.6kV～40.5kV 交流金属封闭开关设备和控制设备：GB 3906—2006 [S]. 北京：中国标准出版社，2006.

[7] 中国电力企业联合会. 高压开关设备和控制设备标准的共用技术要求：DL/T 593—2016 [S]. 北京：中国电力出版社，2016.

[8] 中华人民共和国电力工业部安全监察及生产协调司，国家电力调度通信中心. 电力设备预防性试验规程：DL/T 596—1996 [S]. 北京：中国电力出版社，1996.

[9] 中国电力企业联合会. 输变电设备状态检修试验规程：DL/T 393—2010 [S]. 北京：中国电力出版社，2010.